人文社科
高校学术研究论著丛刊

全程视角下的生命：发展心理学研究

毛婷婷 著

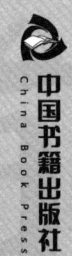

中国书籍出版社
China Book Press

图书在版编目(CIP)数据

全程视角下的生命：发展心理学研究 / 毛婷婷著. -- 北京：中国书籍出版社，2020.11
ISBN 978-7-5068-8124-1

Ⅰ.①全… Ⅱ.①毛… Ⅲ.①发展心理学－研究 Ⅳ.①B844

中国版本图书馆 CIP 数据核字(2020)第 226630 号

全程视角下的生命：发展心理学研究

毛婷婷　著

丛书策划	谭　鹏　武　斌
责任编辑	李　新
责任印制	孙马飞　马　芝
封面设计	东方美迪
出版发行	中国书籍出版社
地　　址	北京市丰台区三路居路 97 号(邮编:100073)
电　　话	(010)52257143(总编室)　(010)52257140(发行部)
电子邮箱	eo@chinabp.com.cn
经　　销	全国新华书店
印　　厂	廊坊市新景彩印制版有限公司
开　　本	710 毫米×1000 毫米　1/16
字　　数	201 千字
印　　张	15.5
版　　次	2021 年 10 月第 1 版
印　　次	2021 年 10 月第 1 次印刷
书　　号	ISBN 978-7-5068-8124-1
定　　价	75.00 元

版权所有　翻印必究

目　录

第一章　绪　论 …………………………………………… 1
　　第一节　发展心理学的产生与发展 …………………… 1
　　第二节　发展心理学的基本规律 ……………………… 6
第二章　婴幼儿时期的心理发展研究 …………………… 13
　　第一节　婴幼儿时期的身体和认知发展研究 ………… 13
　　第二节　婴幼儿时期的心理社会性发展研究 ………… 45
第三章　儿童期的心理发展研究 ………………………… 72
　　第一节　儿童期的身体和认知发展研究 ……………… 72
　　第二节　儿童期的心理社会性发展研究 ……………… 91
第四章　青少年时期的心理发展研究 …………………… 118
　　第一节　青少年时期的身体和认知发展研究 ………… 118
　　第二节　青少年时期的心理社会性发展研究 ………… 132
第五章　成年时期的心理发展研究 ……………………… 147
　　第一节　成年时期的身体和认知发展研究 …………… 147
　　第二节　成年时期的心理社会性发展研究 …………… 157
第六章　中年时期的心理发展研究 ……………………… 178
　　第一节　中年时期的身体和认知发展研究 …………… 178
　　第二节　中年时期的心理社会性发展研究 …………… 187

第七章　老年时期的心理发展研究 …………………… 206
　　第一节　老年时期的身体和认知发展研究 …………… 206
　　第二节　老年时期的心理社会性发展研究 …………… 219

参考文献 ………………………………………………… 238

第一章 绪 论

发展心理学是研究个体心理发生发展规律和各年龄阶段心理特征的科学,有广义与狭义之分。本书主要论述的是狭义发展心理学,是以人类个体从出生到成熟再到衰老的生命全程中各个年龄阶段心理发展特点与规律为研究对象的学科。

第一节 发展心理学的产生与发展

人类早期发展阶段是人生发展中内容最丰富、表现最明显、速度最快,也是一生中最重要的发展阶段。因此,在发展心理学的产生和发展过程中,儿童期的心理发展是研究最多的部分,并形成发展心理学的主流。但有关毕生心理发展概念的提出与研究,则是近些年的事。发展心理学也从原来的主要研究儿童的心理发展扩展为对个体生命全程发展的研究,即毕生发展心理学。

一、发展心理学的萌芽

发展心理学的研究最早是从儿童心理学研究开始的。因此,谈发展心理学的历史时必须首先从儿童心理发展的历史说起。

(一)儿童心理学的萌芽

文艺复兴以后,由于资产阶级的兴起,人们的意识形态发生了变化,儿童观也随之发生了改变,对儿童心理学研究开始形成。一些进步的思想家开始提出尊重儿童、发展儿童天性的口号。例如,17世纪英国唯物主义、经验主义哲学家洛克(J. Locke)提出对儿童的教育要"遵循自然的法则";18世纪法国启蒙教育家卢梭(J. Rousseau)发表了有名的儿童教育小说《爱弥儿》,他抨击当时的儿童教育违反儿童天性,指出:"他们总是用成人的标准来看待儿童,而不去想想他们在未成年之前是个什么样子。"正是在这些思想的影响下,人类才开始建立更加先进成熟的儿童观,把儿童当作特殊的对象加以关注和研究,对儿童心理学的发展起到了极大的促进作用。

(二)儿童心理学的诞生

19世纪后半期,德国生理学家和实验心理学家普莱尔(Praeyer)对自己的孩子从出生到3岁每天进行系统观察,然后把这些观察记录整理成一部著作——《儿童心理》,该书于1882年出版,被公认为是一部科学的、系统的儿童心理学著作,至此,真正的儿童心理学产生了。普莱尔的《儿童心理》无论著作的目的还是内容,都是围绕儿童自身的心理特点展开研究的,对儿童的身体发育和心理发展进行专门的论述。同时,普莱尔以系统的观察记录和实验的方法,加上自我内省法,对儿童进行长期追踪研究,比较了儿童与动物、儿童与成人心理反应的差别,运用事实证明了研究儿童心理的可能性和重要性,对儿童心理发展作出了科学研究。《儿童心理》出版后,引起了国际心理学界的高度重视和同行学者的青睐,各国心理学家先后把它译成十几种文字,向全世界推广,从此儿童心理学随之发展起来。普莱尔的《儿童心理》对科学儿童心理学的发展产生了积极而深远的影响。因此可以说,普莱尔是儿童心理学的创始人。

(三)儿童心理学的发展

真正的儿童心理学研究产生以后,发生了阶段性的变化。概括来说可以分为以下几个阶段。

1. 第一阶段(19世纪后期之前)

19世纪后期之前,近代社会发展、近代自然科学和近代教育不断发展,这些极大地推动了儿童心理学的发展,在19世纪后期,科学儿童心理学诞生。

2. 第二阶段(从1882年到第一次世界大战)

这一时期是西方儿童心理学的系统形成时期。当时,在欧洲和美国出现了一批心理学家,他们开始用观察和实验方法来研究儿童心理发展。普莱尔是其中最杰出的一位。继普莱尔之后,有一些先驱者和开创者,如美国的霍尔(Hall)、鲍德温(Baldwin)、杜威(Dewey),法国的比纳(A. Bine),德国的施太伦(Stemn)等,他们都为学科的建立和发展作出了自己的贡献。

3. 第三阶段(第一次世界大战和第二次世界大战期间)

这一时期是西方儿童心理学的分化和发展时期。由于心理学的全面发展,使儿童心理学的研究数量和质量都有了很大提高,出现了各种心理学流派和一些著名心理学家,他们从各自的立场对儿童心理发展的原因进行了理论的说明,对儿童心理发展的过程进行了描述。可以说,这一时期的儿童心理学已经发展到了相当成熟的阶段。

4. 第四阶段(第二次世界大战以后)

这一时期是西方儿童心理学的发展和演变的时期,主要表现在两个方面。

(1)理论观点的演变

原来的学派,有的影响逐渐减小,如霍尔的复演说、施太伦的人格主义学派以及"格式塔"学派等;有的学派在革新后仍具有很强的势力,如新精神分析、新行为主义等;而有的则完全改变旧时的内容,以新的姿态出现,比如比纳、西蒙的测量学说等。

(2)具体研究上的变化

20世纪60年代以后,由于研究方法上的不断现代化,儿童心理学的相关理论得到了极大丰富。文艺复兴以后,儿童心理学研究加快了发展的步伐,但是,19世纪末叶前,西方儿童心理学的研究仅限于对婴幼儿心理发展的研究。直到20世纪以后,儿童心理学的研究领域才逐步扩展到青春期、老年期,直至人一生的发展,即毕生的发展心理学。于是,儿童心理发展被毕生心理发展观所代替,便出现了现代意义的发展心理学。

二、毕生发展心理学

1980年,德国的巴尔特斯(P. B. Baltes)在《美国心理学年鉴》中提出了毕生发展心理学这一概念。他提出了毕生发展心理学产生的三大原因。

第一,由于第二次世界大战前的一些儿童心理学的追踪研究,被试已经进入了成年期,对他们的研究依然从属于发展心理学的研究,但已经不能被叫作儿童心理学的研究了。因此,提出毕生发展的概念是必须的。

第二,由于许多发达国家已经宣布进入了老年社会,推动了对老年心理的研究。老年心理的研究在客观上又推动了成年期的研究。这样,已经构成了毕生发展的蓝图。

第三,许多大学都开设了发展心理学的课程,这在客观上也推动了毕生发展心理学的形成。

我们可以用巴尔特斯的主要观点阐述毕生发展心理学的观点。

(一)个体的发展是一个毕生的过程

人的一生处于不断的发展变化过程中,从生命的孕育到生命的晚期,其中任何一个时期都可能存在发展的起点和终点。心理发展不仅取决于先前的经验,而且也与当时特定社会背景等因素有关,因此,人生发展中任何阶段的经验对发展都具有重要意义,所以说,个体的发展是一个毕生的过程。

(二)个体的心理发展受个人生活经历的影响

每一个个体都会生活在一定的环境中,都会有各自的生活经历。毕生发展观认为,对个体心理发展产生较大影响的重要环境事件大体包括以下三类。

1. 社会历史事件

社会历史事件指的是对多数社会成员的价值观、生活方式、行为模式等产生重大影响的事件。比如,国家大的改革事件、科学技术产品的问世与使用等,会促使人们不自觉地进行分类与分层而形成代沟。

2. 跟年龄相关的事件

很多环境事件的产生都与年龄的变化密切相关。人到了什么年龄就要承担什么样的社会角色,这些事件不以个人意志为转移,都会对个体的心理发展产生重要影响。

3. 危机事件

海啸、地震、离异、重病、家庭变故、失业等都属于危机事件,危机事件带有偶然性,常常出乎人们的预料。当个体遇见这类危机事件时,常常不得不改变自己的发展方向,进而改变自己的心理发展结构,从而形成具有鲜明历史时代的心理特点。

(三)个体的发展具有可塑性

可塑性是指心理活动的可改变性。在生命发展的早期,由于神经系统处于发育成熟的过程中,因而更容易受到环境刺激的影响,具有更强的可塑性。随着年龄的增长,特别是老年人由于心理功能的衰退越来越成为矛盾的主要方面,并且外界给他们提供刺激的机会越来越少,因此可塑性降低。但毕生发展心理学家们强调,在所有的年龄阶段中的发展均是具有高度可塑的。国内外关于认知功能老化的研究表明,经过科学的训练,老年人的认知功能可以得到改善,并能获得各种新的能力。

需要说明的是,可塑性也存在个体之间和个体内部的差异。不同的个体之间,有的人可塑性非常强,而有的人可塑性则很低。另外,即使是同一个个体,在心理功能的不同方面也会表现出一定的差异。

(四)个体的发展具有多维度

因为发展既有生长,也有衰退,所以巴尔特斯认为,人的发展是多维度多方面的,这主要表现在以下几个方面。

第一,发展并不简单地意味着功能上的增加,生命过程中的任何阶段都是获得与丧失、成长与衰退的结合,任何发展都是新的适应能力的获得,同时也包含已有能力的丧失,只是得与失的强度和速率随年龄的变化而有所不同。

第二,人的发展是多方面的,个体毕生发展的不同时期可能会改变其发展方向。例如,一个医学专业毕业的人成了优秀的娱乐节目主持人,发展着跟以往教育训练完全不同的能力。即使是在同一发展时期,个体的发展也可能是多方面的。每个人的发展方向取决于个人的先决条件、所面对的环境及实践的经历。

第二节　发展心理学的基本规律

一、天性与教养

天性是指从父母那里继承而来的特质、才干和能力,包括遗传信息在预设的演变过程中产生的任何因素,这些因素时刻影响着个体的发展。教养是指塑造行为的环境,包括生态环境、自然环境、社会环境以及个体的学习经验、父母的抚养方式等。天性与教养的问题是发展心理学家永恒的话题之一。个体的发展主要是先天遗传的结果,还是后天教养的结果,抑或个体的发展有多少取决于先天遗传,又有多少取决于所处的物理环境和社会环境的后天影响,这是一个深刻的哲学和历史根基的问题,支配着大量心理学家的研究工作。

(一)二分法

在 20 世纪初,就遗传与环境对儿童心理发展的影响这个问题,采取的是简单的二分法,要么是遗传决定论,要么是环境决定论。

1. 遗传决定论

遗传决定论者认为,以生物学为基础的个体禀赋是进化的产物。个体的发展及其个性品质早在生殖细胞的基因中就决定了,发展只是这些内在因素的自然展开,环境与教育仅起一个引发的作用。由于成熟的力量,所有正常儿童都能在相似的时间达到同样的发展里程碑,而个体之间的差异主要是由于他们不同的基因结构造成的。

2. 环境决定论

环境决定论者强调个体的心理发展完全是由环境决定的。他们片面地强调和机械地看待环境因素在心理发展中的作用,否定遗传因素在心理发展中的重要作用。

(二)二因素论

由于明显的片面性和绝对性而难以令人信服,所以遗传决定论和环境决定论引发大量的批评。之后,学者们提出了各种折中的观点,这种折中的观点被统称为二因素论。

二因素论试图调和遗传决定论和环境决定论的矛盾之争,认为心理发展是由遗传和环境两个因素决定的,遗传和环境是影响心理发展的同等成分,且各自独立存在。

(三)相互作用论

相互作用论认为发展既不是完全由天性决定的,也不是完全由教养决定的,个体心理发展是天性与教养两大因素相互作用的结果。不同理论在天性和教养作用上的立场影响着它对个体差异的解释方式。如果理论强调天性的作用,该理论就会认为在发展进程中,个体的某些特征会一直保持稳定。如果理论强调教养的重要性,该理论就会认为消极的教养对未来的行为模式具有长期不良的影响,积极的教养也可以塑造个体的良好行为模式。就某一个体而言,这些基本理念亦很重要,它影响到我们如何对待儿童。

二、主动性与被动性

发展理论家关注的另一个问题是个体是自身发展的积极参与者还是环境影响的被动消极的接受者,即主动性与被动性的问题。在这一问题上有两种对立的观点:机械论和机体论。

洛克和卢梭的哲学争论导致了关于人类发展的两种对立的模型:机械论和机体论。洛克的观点是机械论发展模型的先驱。该模型把人看作内部静止的、必须由外部力量推动的机器,人像机器一样对环境的输入做出反应,心理发展受制于力学的原则,儿童的发展受环境,尤其是成人意愿的塑造。

卢梭的观点是机体论发展模型的先驱。这一模型认为人是主动的、成长的机体,具有内在的活动和自我调节的功能。他们会主动发起行为。人在环境中,会过滤刺激、组织刺激,有选择地做出反应。发展的动力是内在的,尽管环境影响可以加速或减慢发展,但并不是引起发展的原因。但随着信息加工理论的推广,把人脑类比为计算机的观点盛行,机械论又逐渐抬头。

三、连续性和阶段性

现实生活中,个体的某些人格、身体方面的特征随着年龄的增长,仍保持着相当的稳定性,有些方面却发生着明显的变化。发展心理学家在发展的连续性和阶段性问题上展开了探讨。

连续性观点认为,心理发展是渐进式的连续的变化过程。儿童对外部世界的反应与成年人是一样的,他们之间的差异只是量上的差异或复杂程度的差异。从时间维度上来看,心理发展曲线是一条平滑的曲线,而这种发展是有机的和必然的。

阶段性观点认为,个体的发展由一系列突发的变化组成,每一次的变化都意味着个体发展到一个新的、更高级的水平,变化是某种性质上的质变,个体的发展是一个非连续的过程。一个阶段是生命周期中一个明显的时期,具有特定的能力、动机、情绪或者行为,它们构成了一个一致的模式,因此,阶段之间具有质的区别。儿童对外部世界的反应与成年人不同,会出现新的类型。从时间维度上看,心理发展曲线是一个阶梯状的非平滑折线。

四、普遍性和差异性

发展的普遍性和差异性问题也是发展心理学家争论的基本问题。阶段理论家认为发展阶段带有普遍性,发展是在普遍的方向上前进。另一些发展心理学家认为个体的发展具有更加丰富的多样性。在某种文化中发展所遵循的模式与在另一种文化中所遵循的模式会有很大的不同。如生活在不同背景中的人有不同的个人与环境相互作用的经历,生活在非洲小村庄的人和生活在西方大城市的人在智力、社交技能、对自己和他人的情感方面差异巨大。美国心理学家洛文格(Loevinger)对个体心理发展的差异状况进行了概括性的研究,提出了"心理发展的模式"。他认为,不同个体的发展差异可概括为以下四种典型模式(图1-1)。

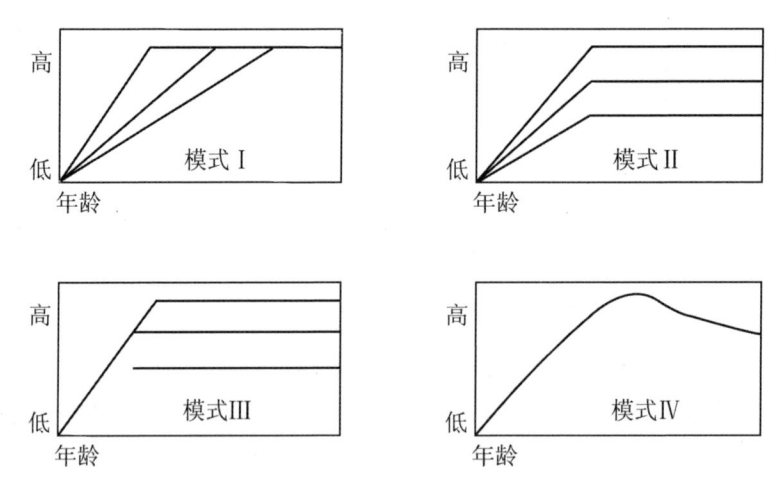

图1-1 儿童心理发展过程的模式差异①

模式Ⅰ:不同个体的发展从同一时期开始,最终也达到同一发展水平,但不同个体在其心理发展过程中发展的速度是不同的。

模式Ⅱ:不同个体心理发展速度不同,并且最后的发展水平也不同。

模式Ⅲ:社会生活可能规定个体心理发展早期的速度,但允许不同个体心理发展的最终水平不同。当个体经过最初的固定时期之后,一些个体停留在一定心理发展水平上,另外的人则向更高水平发展。

模式Ⅳ:个体心理发展中的一种特殊情况,即随着个体年龄的增长,其心理发展达到较高水平后会出现下降退化的状况。

需要注意的是,造成个体心理发展差异性原因很多,主要与个体自身的遗传素质、后天生活环境、学习等因素有关。由于心理发展的差异性,个体之间无论是在心理发展过程中表现出的状况还是心理发展的趋势与水平等都有一定的差异。

---

① 刘爱书,庞爱莲. 发展心理学[M]. 北京:清华大学出版社,2013.

五、关键期和敏感期

动物在早期发展过程中,某一反应或某一组反应在某一特定的时期或发展阶段中,最容易获得或最容易形成,如果错过了这个时期或阶段,就不易获得相应的反应,这段时期或阶段被称为关键期。心理学研究发现,人类个体在早期发展过程中,也同样存在着获得某些能力或学会某些行为的关键期。在关键期内,如果个体能够得到适当的刺激和帮助,他的某种能力就会迅速地发展起来。毕生发展心理学的早期研究者十分强调关键期的重要性。但是,近期的思潮却认为,个体在很多领域,尤其是人格和社会性发展方面都有着巨大的可塑性,人们可以利用日后的经验使自己获益,以此弥补早期的不足。因此,当代发展心理学家更倾向于用敏感期替代关键期。在敏感期内,个体对所处环境中特定种类的刺激有更强的易感性。特定环境刺激在敏感期阶段的缺失并不总是带来不可逆转的不良结果。对在正常社会环境中成长的个体而言,各种心理机能的成长与发展都有可能存在特定的敏感期,在敏感期内个体比较容易接受某些刺激的影响,比较容易习得某些技能。然而,错过了这个敏感期,这种心理机能产生和发展的可能性依然存在,只是可能性变小,形成和发展的难度增大。

六、发展的质变与量变

心理学家们认为,变化性是个体发展的本质。广义的发展涵盖了两种最基本的变化,即转换性变化和变异性变化。

转换性变化是一个系统的形式、组织或者结构的变化,例如毛毛虫变蝴蝶、蝌蚪变青蛙等。人们通常把这种出现新事物的变化称之为质变。转换性变化会导致新事物的出现,随着形式的变化,事物也会变得越来越复杂。这种变化无法通过纯释的量的增加来获得。发展的阶段模型将发展看成是非连续的,在前后不同的发展阶段,发展是跳跃式地以产生新的行为模式的形式展开的,具有质的差异,这种观点认为发展是在特定时期以新的方式来理解和回应外界的过程。如果发展以阶段的形式出现,那么在发展的特定时期,思想、感觉和行为都会发生质的变化。阶段理论认为,发展的每个阶段都相应地代表一种更为成熟的、以新方式重组的技能。它假定,当儿童从一个阶段迈向另一个阶段的时候,他们会经历急骤的转型,之后便会在本阶段中处于稳定的平原期。

变异性变化是指变化偏离标准、常模、均值的程度。婴儿的伸手触摸行为、学步儿童行走准确性的提高等都是变异性变化的实例。从适应的观点看,变异性变化使技能或能力更为精确,变异性变化是数量性质和连续性质的。

发展在连续发展模型中被视为是感知、运动、认知技能与操作上的平稳的、连续的量的增加。非成熟个体和成熟个体之间的区别仅仅在于各种行为、技能在数量或复杂程度上的不同。例如运动能力,儿童以简单的抓握为基础,逐渐发展出各种精细动作,便是一种累加。行为主义观点是连续发展模型的典型代表。目前较为综合的看法是,把质变与量变视为心理发展的必需成分,作为一个整体相辅相成,从而形成一套动态系统。

第二章 婴幼儿时期的心理发展研究

婴儿期是指个体 0～3 岁的时期。它是儿童生理发育最迅速的时期,也是个体心理发展最迅速的时期。幼儿期指儿童 3～6 岁这一时期。这一时期相当于幼儿园教育的阶段,所以叫作幼儿期。幼儿期随着年龄的增长,神经系统进一步发展,突出表现在大脑结构的不断完善和功能的进一步成熟等方面。幼儿大脑的进一步发展为幼儿的心理发展提供了直接的生理基础。本章即对婴幼儿时期的心理发展进行研究。

第一节 婴幼儿时期的身体和认知发展研究

一、婴儿时期的身体和认知发展研究

(一)婴儿的神经系统发育

1. 大脑形态发育

(1)婴儿的头围

新生婴儿头围平均为 34 厘米,6 个月时在 42 厘米左右,1 岁时为 47 厘米左右,2 岁时大约为 48～49 厘米,在 10 岁时差不多可以达到成人的头围水平,即平均为 52 厘米。如果孩子的头围明显地超出上述数字,如新生儿的头围超过 37 厘米,就属于"大头"。如果新生儿的头围小于 32 厘米,或 3 岁后小于 45

厘米,则为"小头畸形"。出现这两种不正常的头围的婴儿都要及时就医。

(2)婴儿的脑重

婴儿出生时脑重量为350～400克,此后第一年内脑重量增长速度最快,6个月时为出生时的2倍,达到800～900克,到第二年末时脑重约为出生时的3倍,达到1 050～1 150克,到10岁时,儿童的脑重达到成人的50%,可见,婴儿大脑发育大大超过身体发育的速度。15岁时,儿童的脑重达成人水平。

2. 大脑结构发育

大脑结构发育主要表现在神经元分化生长、突触联结增加和髓鞘化逐渐完成等三个方面。

(1)神经元分化生长

神经元是大脑和神经系统的基本单位,负责接收和传递神经冲动,它由胞体、树突和轴突组成(图2-1)。

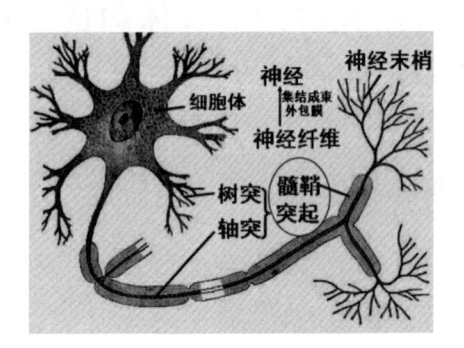

图 2-1 神经元的构成

在胎儿第5个月时,大脑皮质的神经元就开始增殖分化,到出生时,神经元数量已与成人相同。从脑开始发育算起,神经元的数量就以每分钟25万的速度递增,到出生时最多,达到大约1 000亿个。

(2)突触联结增加

突触是神经元之间的联结。在两个神经元的突起快要接触的地方,有一点很小的缝隙就是突触,化学神经递质就在这里流动。这些神经递质携带着信息,从一个神经元传递到另一个神经元。神经元之间的突触连接十分重要,因为突触的构成将最终决定信息在脑部的传递方式。在婴儿出生时,大约有 50 万亿个突触连接,突触密度远远低于成年人。在婴儿出生后的几个月内,突触数量迅速增加。3 岁时,婴儿突触连接的数量大概是 1 000 万亿,大致是成人的 2 倍。在 4 岁左右,突触连接的数量达到顶峰。在整个儿童期,突触密度保持在显著高于成年人的水平,而到了青春期,突触连接数量逐渐减少,大致和成人的突触连接数量差不多(图 2-2)。研究证明,突触之间存在竞争。一个突触被使用的机会越多,它就越有可能被永久保留下来。而那些不被经常使用的突触通常就会枯萎或死亡,这个过程称之为突触演变。

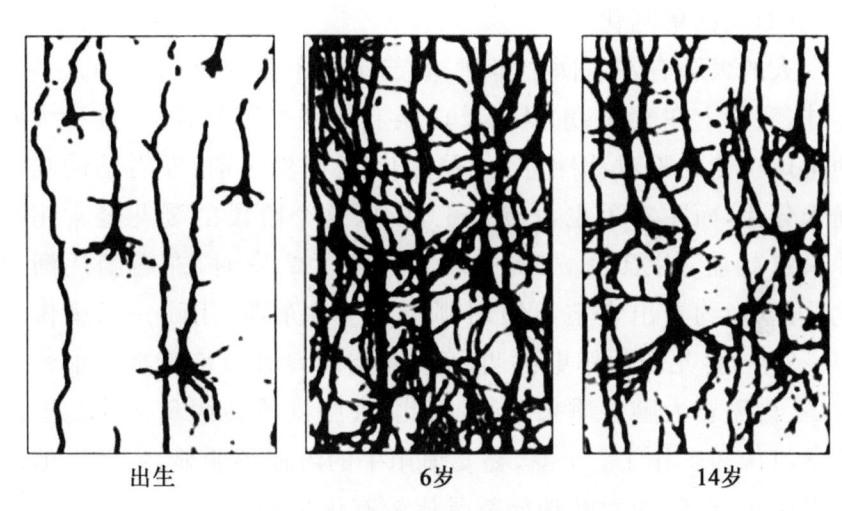

出生　　　　　　6岁　　　　　　14岁

图 2-2　不同时期的突触连接数量

(3)髓鞘化逐渐完成

包裹在神经元外部以使神经元之间彼此隔离的髓磷脂就是髓鞘。神经纤维髓鞘是逐步形成起来的,全部皮质神经纤维的髓鞘化,还要经过很多年的时间才能完成。它的作用在于使神经元分工更加明确,传递信息更快,效率更高。婴儿到了 3 岁髓鞘化的过程接近完成。神经髓鞘的形成是脑内结构成熟的重要标志。神经髓鞘形成以后,能使神经兴奋沿着一定的道路迅速传导。

3. 大脑功能发育

(1)脑电波

脑电波随年龄的变化可反映皮层的发育,可用来评价认知功能并加深我们对脑成熟和行为发展的关系的理解,是儿童脑发育的一个重要且使用较早的指标。脑电波可以分为不同频段,即 δ 波(<4 赫兹)、θ 波(4～7 赫兹)、α 波(8～12 赫兹)、β 波(13～30 赫兹)、γ 波(30～70 赫兹,以 40 赫兹为中心),它们有不同的发展模式。

新生儿的脑电波大部分是慢波,快波是随着年龄的增加而增长的。出生后 5 个月是婴儿脑电发展的重要阶段。低频段从第 1 年开始逐渐减少,α 波的增长一直持续到青少年期。

(2)大脑单侧化

人的大脑有左右两个半球,看起来差不多完全对称的这两个半球,实际上在大小、重量以及功能上都是有所差异的,这种大脑两半球功能的不对称性称为"单侧化"。1 岁之前,左右脑的功能尚未分化,而左右手也没有分工,所以这个阶段的婴儿经常用双手来拿奶瓶,用双手、双脚来爬行。到了 2 岁时,左右脑逐渐分化,可以隐约看出宝宝习惯用哪一只手拿东西,用哪一只脚做动作。3 岁,婴儿的动作更协调,身体的各种动作反应变成反射性行为,不再需要大脑皮质来控制,因此,大脑皮质转而负责较高层次的学习认知工作了。4 岁,婴儿惯用手的习惯很明显,主动以惯用手来操作,对侧的大脑功能就是比较有优势的。

1861 年,布洛卡发现大脑左半球额叶受损伤导致运动性失语症,向人们揭示了左半球的语言功能。因此,对右利手者来说,左半球为言语优势半球。近几十年研究发现,右半球也有着单侧优势的重要功能。右利手者在右半球受损伤时,他们在空间和形象认知方面会产生障碍,尤其在空间定向和对复杂图形的知觉过程中,但是这种现象在左利手患者中有时并不十分清楚。与右利手者正相反,有的左利手者的右半球为语言优势,左半球为空间知觉优势。但是,有许多左利手者的两半球功能全然没有单侧化现象。他们的两半球的功能是均衡的,任何一侧受损伤均可导致失语症,而且,未受损伤的半球能较好地补偿受损伤半球的语言功能。大脑单侧化有一个明显的发展过程,它随着个体言语能力的日臻完善而逐渐显现出来。

(二)婴儿的身体发育

婴儿的身体发育遵循着两个原则,即头尾原则和近远原则。

1. 头尾原则

头尾原则是指身体发育是从头部延伸到身体的下半部,即胎儿和婴儿的头脑比躯干和下肢先发育(图2-3)。2个月胎儿的头部长度大约是身长的1/2,新生儿头部长度约占身长的1/4,2岁时头部只占1/5,而成人的头部与身长的比例约是1/7。

2. 近远原则

近远原则是指身体发育从身体的中部开始,逐渐扩展到外周边缘部分,即婴儿头部、胸腔和躯干最先发育,然后是大臂和大腿、前臂和小腿,最后是手和脚的发育。0~3岁婴儿身高和体重情况如表2-1所示。

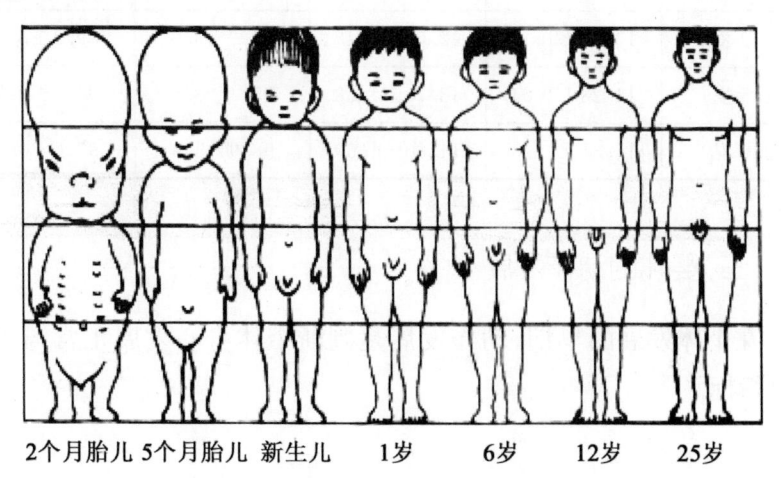

2个月胎儿 5个月胎儿 新生儿　1岁　　6岁　　12岁　　25岁

图2-3　不同时期的身体发育的比例

表 2-1　0～3 岁婴儿身高和体重情况参考值(±s)[①]

年龄	体重(kg) 男	体重(kg) 女	身高(cm) 男	身高(cm) 女
出生	3.33±0.39	3.24±0.39	50.4±1.7	49.7±1.7
1个月	5.11±0.65	4.73±0.58	56.8±2.4	55.6±2.2
2个月	6.27±0.73	5.75±0.68	60.5±2.3	59.1±2.3
3个月	7.17±0.78	6.56±0.73	63.3±2.2	62.0±2.1
4个月	7.76±0.86	7.16±0.78	65.7±2.3	64.2±2.2
5个月	8.32±0.95	7.65±0.84	67.8±2.4	66.2±2.3
6个月	8.75±1.03	8.13±0.93	69.8±2.6	68.1±2.4
8个月	9.35±1.04	8.74±0.99	72.6±2.6	71.1±2.6
10个月	9.92±1.09	9.28±1.01	75.5±2.6	73.8±2.8
12个月	10.49±1.15	9.80±1.05	78.3±2.9	76.8±2.8
15个月	11.04±1.23	10.43±1.14	81.4±3.2	80.2±3.0
18个月	11.65±1.31	11.01±1.18	84.0±3.2	82.9±3.1
21个月	12.39±1.39	11.77±1.30	87.3±3.5	86.0±3.3
2.0岁	13.19±1.48	12.60±1.48	91.2±3.8	89.9±3.8
2.5岁	14.28±1.64	13.73±1.63	95.4±3.9	94.3±3.8
3.0岁	15.31±1.75	14.80±1.69	98.9±3.8	97.6±3.8

（三）婴儿的动作发展

在个体发展的早期，动作发展是判断个体身心发展正常与否的重要指标。

[①] 九市儿童体格发育调查协作组，首都儿科研究所.2005年中国九市 7 岁以下儿童体格发育调查[N].中华儿科杂志，2007，45(8)：609-614.

1. 婴儿动作发展的一般规律

我国心理学家朱智贤(1980)把婴儿动作发展的基本规律概括为以下三条。

(1)大小原则

大小原则即从大肌肉动作向小肌肉动作发展。婴儿首先出现的是躯体大肌肉动作,如头部动作、躯体动作、双臂动作、腿部动作等,以后才是灵巧的手部小肌肉动作和视觉动作等。

(2)首尾原则

首尾原则即从上部动作向下部动作发展。这些动作是按照首尾顺序发展起来的。如果使婴儿俯卧,他首先出现的动作是抬头,然后是俯撑、翻身、坐、爬、站立,最后是行走。

(3)整分原则

整分原则是指从整体动作向分化动作发展。儿童最初的动作是全身性的、笼统的、散漫的,之后才慢慢地逐步分化为局部的、准确的、专门化的动作。例如,把毛巾放在2个月婴儿的脸上,就引起全身性的乱动;5个月的婴儿开始出现比较有定向的动作,双手向毛巾方向乱抓;而8个月的婴儿,就能毫不费力地拉下毛巾。

陈帼眉(1989)进一步提出了个体动作发展的另外两条规律。

(1)从无意动作到有意动作

婴儿的动作随年龄增长,越来越受意识的支配,越来越具有目的性。婴儿的动作发展也服从心理发展的规律,即从无意向有意发展。

(2)从中央部分的动作到边缘部分的动作

婴儿最先发展的是头部和躯干的动作,然后是双臂和双腿有规律的动作,最后是手指的精细动作。

2. 婴儿动作的训练

(1)身体运动能力的训练

婴儿出生后全身动作发展有一定的顺序,3~4个月时能俯卧抬头和俯卧翻身,5～6个月时能竖直独坐,8～9个月时能爬会站,1周岁左右能独立行走,2岁前能达到能蹲会跑的程度,3岁前就能跳、踢、投掷等。因此,要抓住婴儿身体动作发展的关键期,训练婴儿的运动能力。

例如,6～8个月是婴儿学习爬行的关键期。爬行动作不仅对婴儿身体的全面活动、四肢的协调动作以及全身各关节的运动都起着重要作用,而且还活动了全身,锻炼了全身的骨骼、关节、肌肉和内脏各器官。此外,通过爬行,孩子开阔了视野,能接触到更多的外界环境,有利于其感知觉的发育。因此,在这一阶段,家长要给婴儿的爬行提供充分的时间和空间,积极开展爬行训练。5～6个月时,可在婴儿前方放一些他喜欢的玩具,使他尝试着去够取。10个月后,婴儿就可以在地板上练习爬行了。

再如,1岁左右是婴儿独立行走的关键期。在练习行走前,要给婴儿做被动体操,尤其要锻炼腿部肌肉力量,为行走做准备。在婴儿能扶物站立后,就可以让他扶物慢慢行走,但是时间不宜过长。扶物行走稳定后,家长就可以领着婴儿的手行走,或在腰间围一条围巾,让孩子练习独立走步。也可在婴儿的前方放一个他喜欢的玩具,训练他迈步向前够取,或让婴儿靠墙站稳后,父母后退几步,手中拿玩具,用语言鼓励婴儿朝父母方向走去,婴儿快走到父母身边时,父母再后退几步,直到婴儿走不稳时把婴儿抱住,夸奖他走得好并给他玩具,慢慢地婴儿就会走得越来越好。

(2)手眼协调能力的训练

手眼协调是指人在视觉配合下手的精细动作的协调性。只有手眼协调的活动才能真正有效地促进婴儿的全面发展。手眼协调能力的训练越早越好。父母应积极创造条件,充分训练婴儿抓、握、拍、打、敲、捏、挖、画的能力,使其"心灵手巧"。

对于1岁内的婴儿,可以练习抓握、敲打等动作。1岁后婴儿喜欢涂鸦,他们只是喜欢乱画,笔画和线条乱七八糟,手眼协调不够。涂鸦不仅发展了婴儿手的精细动作,又能通过画出的痕迹进一步激发他的绘画兴趣。在涂鸦过程中婴儿发展了手眼协调性后,就可以握笔画画。同时,家长应提供给婴儿积木、插板、拼图等一些操作性玩具,也可以用纸盒和冰糕棍自制插棍玩具,让孩子反复练习。另外,几乎每一个婴儿都喜欢自己拿勺吃饭,并试着往嘴里放,这是提高手眼协调能力的一个好项目。大一些的婴儿也可以使用剪刀和筷子,婴儿通过不断的练习,手眼协调能力就能快速发展起来了。

3. 婴儿动作发展的意义

(1)动作是个体发展的重要领域

动作既是个体适应环境的工具,也是个体适应环境的产物。个体在适应环境的过程中,动作也逐渐发展起来。从反射性到操作性,从不随意到随意,从简单、不分化到复杂、分化,从泛化到准确。因此可以说,动作本身就是个体发展的重要方面。

(2)动作发展对个体心理发展具有促进作用

婴儿动作的发展改变着婴儿与周围环境的关系。动作发展拓宽了婴儿的视野,打开了一片认知新天地,为认知能力发展奠定了基础。有研究发现,动作不仅对婴儿认知有重要促进作用,而且对婴儿依恋、情绪、交往、社会性等发展也有重要影响。

(3)动作是评价个体身心发展的重要指标

在生命早期,由于婴儿发展的成就主要在动作的发展上,因此,动作的发展成为评价儿童发展的重要指标。动作发展滞后,尤其是具有标志性动作的发展滞后,被看作是儿童发展问题的表现。

(四)婴儿言语的发展

言语是人类心理交流的重要工具和手段,在婴儿认知和社会性发生发展过程中起着重要作用,对其以后的心理发展有着深远而重大的影响。言语是婴儿心理发展过程中最重要的内容之一。

1. 婴儿的"前言语行为"

在婴儿掌握语言之前,有一个较长的言语发生的准备阶段,称为"前言语阶段"。在这一阶段,婴儿的言语知觉能力、发音能力和对语言的理解能力逐步发生发展起来,出现了"咿呀学语"(6～10个月)和非语言性的声音与姿态交流等现象。这些发生在前言语阶段的、与言语发生有密切关系的行为统称为婴儿的"前言语现象"或"前言语行为"。在前言语行为阶段,婴儿语言的发生发展主要表现为以下几个方面。

(1)言语知觉能力的发生和发展

言语知觉主要是指对口头言语的语音知觉。婴儿言语知觉能力的发展由低到高可以划分为三个阶段。

①听觉阶段

听觉阶段是言语知觉最初发生的时期,婴儿只能对一个个语音进行初步的听觉分析,把输入的言语信号分析为各种声学特征,并储存于听觉记忆中。

②语言阶段

这时婴儿能把前一阶段所掌握的一些声学特征结合起来,从而辨认出语音并确定各个音的次序。

③音位阶段

这时婴儿能把听到的各个音转换为音素,并认识到这些音是某一种语言的有意义的语音。

有研究表明,3～4个月时,婴儿能对辅音进行范畴性知觉,区别出清浊辅音的不同。12个月时,婴儿区分、辨别各种语音的能力已基本成熟,能够辨别出母语中的各种音素,并认识到它所代表的意义。

(2)婴儿语音的前言语发展

语音发展是语言发展的前提。婴儿的语音发展大致可分为两个阶段,即前言语阶段和言语阶段。世界婴儿语音发展具有相同的普遍规律,即都存在单音节(0～4个月)、多音节(4～10个月)和学话萌芽(11~13个月)三个阶段。发音过程是从新生儿的第一次哭声开始的,这种最初的哭声只是婴儿独立呼吸和发声的开始,零乱而不具实际信号意义。由于婴儿此时舌唇不发达,又无牙齿,所以齿音、卷舌音都没有出现。4~6个月的婴儿已经能将辅音和元音相结合,连续发出类似"妈妈""爸爸"等单音节语声,而且发音频率的多样性也急骤增加,重音、音高、音调和韵律也有更多变化,发音系统完全形成,这时婴儿已能够正确地模仿成人的语音。这种模仿不仅在音色上极为相近,而且在声调上也极为相似,同时这种模仿还能被保持相当长的一段时间,并能被适当迁移和正确运用。

(3)婴儿前言语交流能力的发展

大量研究表明,在儿童能够用语言进行交流之前的这一段时间里,一些特定的声音和姿态成了婴儿用来进行信息交流的重要手段。这些声音和姿态具有语言的三大基本特征,即目的性、约定性和指代性。即便在言语产生以后的漫长时间里,它们仍然在某些特定的情景下发挥着语言替代物的作用。

2. 婴儿语言发生和语法的获得

对于婴儿期言语发生的过程,目前仍存在着不同的看法。我国心理学家认为,婴儿最早说出的具有最初概括性意义的"真正的词"才是言语发生的标志,时间在11~13个月之间。在综合多种研究材料后,庞丽娟、李晖等(1992)提出,由于个体之间有着较大的差异,因此婴儿言语发生的时间基本在10~14个月之间。

在婴儿能说出第一个词语之后,10~15个月的婴儿一般能以每月平均增加1~3个新词的速度发展。这样到15个月左右,婴儿就可以说出一些单词句。随后婴儿掌握新词的速度显著加快,到19个月时已能说出约50个单词,平均每个月能学会25个新词。在此后的2个月内,婴儿说出第一批有一定声调的"双词句",进入了词的联合和语法生成时期。因此人们一般称15~19、20个月这段时期为单词句阶段。在单词句阶段的末期(18~20

个月),婴儿已初步获得"主语加谓语"和"谓语加主语"的句法结构,并开始向双词句阶段过渡。当然,此时单词句并没有消失,而是继续下去,直到 24 个月以后,才逐步让位于双词句。双词句的产生使婴儿的言语中开始出现了词的联合、句子生成和"语法化"进程。此时,不同性质或种类的词之间的联结逐渐增多,双词句的"产量"呈加速增长的趋势。到 2 岁时又出现了突然增多的现象。这一切都促进了婴儿学习和掌握语法规则的进程。到 36 个月时,婴儿已基本掌握了母语的语法规则系统。

(五)婴儿感知觉的发展

1. 听觉

胎儿的听觉感受器在最初 6 个月时就已基本发育成熟,听觉分析器的神经通路除丘脑皮质外,均在 9 个月以前完成髓鞘化。因此胎儿已有听觉,可以听到透过母体的 1 000 赫兹以下的声音。1 个月的婴儿能鉴别 200～500 赫兹纯音的差异,5～8 个月的婴儿能鉴别 1 000～3 000 赫兹内 2% 的变化(成人是 1%),4 000～8 000 赫兹内的差别阈限与成人水平相同。

2. 视觉

由于新生儿的视觉高级神经中枢还没有完全形成,外周器官的结构还没有完全成熟,因此新生儿的视觉调节能力还较差,他们看不同距离的物体都不很清楚。第二个月开始,婴儿的视觉调节开始复杂化,到第四个月时已接近成人的视觉适应能力,晶状体已能随物体远近而相应变化。在 5～6 个月时即可达正常成人的水平。

3. 味觉

味觉感受器在胚胎 3 个月时开始发育,6 个月时形成,出生时已发育完好。新生儿偏爱甜食。

4. 嗅觉

嗅觉感受器在胎儿七八个月时发展成熟，能区别几种气味。新生儿偏爱某些气味，并具有初步的嗅觉空间定位能力。新生儿可由嗅觉建立食物性条件反射。

5. 触觉

4～5个月的胎儿已建立触觉反应，新生儿可表现手的本能触觉反应（抓握反射），0～3个月的婴儿有无意识的原始的够物行为，4～5个月的婴儿获得了成熟的够物行为。

6. 面孔知觉

面孔携带着大量的信息，如性别、种族、年龄、个体吸引力、社会地位和情绪状态等，是一种特殊的视觉刺激。面孔识别也是人类的一项基本认知能力。婴儿对人的面孔知觉能促进他们最早的社会关系发展。婴儿很早表现出对面孔的兴趣。有研究表明，几周的新生儿可对面孔产生偏好，特别是对自己母亲的面孔的偏好。但让新生儿母亲用围巾遮挡他们的头发和前额，新生儿对自己母亲的面孔不再产生偏好。这表明，新生儿对母亲面孔的再认，不是基于面孔的细节，而主要是基于面孔总的特征和外围的轮廓，如发型轮廓和头型等。因此婴儿早期对母亲面孔的再认是粗浅的、有限的。研究表明，3个月的婴儿能区分不同的面孔，对一个面孔注视的时间长于对相应的非面孔刺激注视的时间，且对熟悉面孔（通常是母亲）注视时间长于不熟悉的面孔，表现出对人的面孔和熟悉的面孔的偏好。半岁后婴儿将自己的面孔知觉转变为熟悉的刺激，并能依据性别对面孔分类。

7. 方位知觉

方位知觉是对物体所处方向的知觉。新生儿已经能够对来自不同方向的声音做出相应的侧转反应，婴儿主要依靠视觉定位,是以自身为中心、依靠视觉和听觉来定向的。婴儿方位知觉的发展主要表现在对上下、前后、左右方位的辨别上。2~3岁的儿童能辨别上下;4岁儿童开始能辨别前后;5岁开始能以自身为中心辨别左右;7岁后才能以他人为中心辨别左右,以及两个物体之间的左右方位。

8. 深度知觉

深度知觉是指判断物体间的距离以及物体离我们的距离的能力。深度知觉对理解环境的布局和引导个体的活动很重要。要抓取物体,婴儿必须具有一些深度感。随后,当婴儿爬行时,深度知觉帮助他们防止撞上家具、滚下楼梯等。

吉布森和沃克曾选取36名6个半月到14个月的儿童进行"视崖"实验(图2-4)。"视崖"是一种测查婴儿深度知觉的有效装置。在平台上放一块厚玻璃板,平台在中间分为两半,一半的上面铺着红白相间的格子图形,视为"浅侧";另一半的格子图形置于玻璃板下约150厘米处,视为"深侧"。这样透过玻璃板看下去,深侧像一个悬崖。

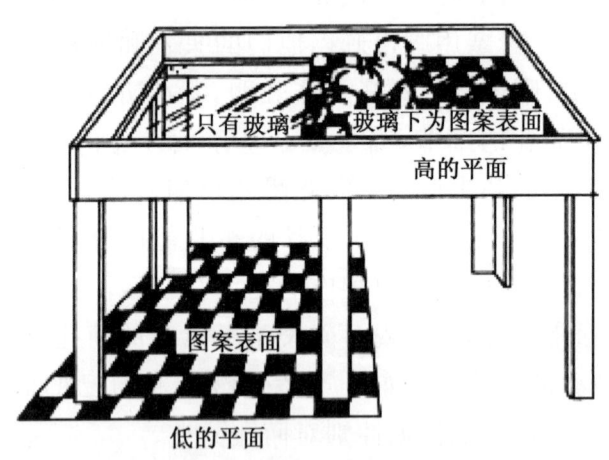

图2-4 "视崖"实验装置

实验时,母亲轮流在两侧呼唤婴儿。结果发现,6个半月到14个月的36名婴儿中,27人爬过浅滩,只有3人爬过悬崖。即使母亲在深侧呼喊,婴儿也不过去,或因为想过去又不能过去而哭喊。该实验说明婴儿已有深度知觉。

美国心理学家坎波斯(Campos)和兰格(Langer)选取了2~3个月的婴儿进行"视崖"实验。结果发现,当把幼小的婴儿放在深侧时,婴儿的心率会减慢,而放在浅侧就不会有此现象。这表明婴儿是把悬崖作为一种好奇的刺激来辨认。但如果把9个月的婴儿放在悬崖边,婴儿的心率会加快,这是因为经验已经使得他们产生了害怕的情绪。

(六)婴儿注意的发展

新生儿就有注意,其实质是先天的定向反射。大的声音会使他暂停吸吮及手脚的动作,明亮的物体会引起视线的片刻停留。这种无条件定向反射是最原始的初级的注意,即定向性注意。

新生儿的注意也有选择性,选择性注意是指儿童偏向于对一类刺激物注意得多,而在同样情况下对另一类刺激物注意得少的现象。这类研究主要集中在视觉方面,也称为视觉偏好。

1岁前儿童注意的发展,主要表现在注意选择性的发展上。婴儿选择性注意的发展主要表现在以下两个方面。

第一,选择性注意性质的变化。在儿童发展的过程中,注意的选择性最初取决于刺激物的物理特性,以后逐渐转变为主要取决于刺激物对儿童的意义,即满足儿童需要的程度。

第二,选择性注意对象的变化。一方面是选择性注意范围的扩大。有关婴儿对简单几何图形的注意研究结果表明,婴儿注意的发展,从注意局部轮廓到注意较全面的轮廓,从注意形体外周到注意形体的内部成分。另一方面是选择性注意对象的复杂化,即从更多注意简单事物发展到更多注意较复杂的事物。

1岁以后,言语的产生与发展使婴儿的注意活动进入了更高的层次,即第二信号系统。物体的第二信号系统特征开始制约、影响着婴儿的注意活动,使婴儿的无意注意开始带有目的性的萌芽,有意注意逐渐产生了。

(七)婴儿记忆的发展

研究表明,胎儿末期(妊娠8个月左右)就有听觉记忆,出生后已有再认表现。另外,新生儿末期已有长时记忆能力,3个月婴儿对操作性条件反射的记忆达4周。1岁以后,言语的产生和发展使语词逻辑记忆能力的产生成为可能。符号表征、再现和模仿,尤其延迟模仿能力的出现,标志着婴儿表象记忆和再现能力的初步成熟。习惯化和去习惯化技术是人们研究婴儿记忆能力的新方法。给婴儿呈现一个刺激,监视婴儿对刺激的注视情况。如果将刺激不断重复呈现给婴儿,婴儿对刺激的注意力就会下降。注意力的下降表明婴儿已经对其习惯化了,即婴儿对多次呈现的同一刺激的反应强度逐渐减弱,乃至最后形成习惯而不再反应。习惯化表明婴儿能再认以前看过的刺激。一段时间后如果换一个新的不同刺激,就会重新激发婴儿对新刺激的注意,并能将注意力恢复到先前的水平,这就是去习惯化。去习惯化表明婴儿能对新旧刺激进行区分。习惯化与去习惯化合称为习惯化范式,在婴儿认知发展研究中应用广泛。研究结果表明,3个月的婴儿能记住一个视觉刺激长达24小时,1岁时能保持数天。

(八)婴儿思维的发展

1. 婴儿的思维

直觉行动性是婴儿思维的基本特点。直觉行动思维是指婴儿的思维与感知觉和行动密切相连。思维的工具是动作和感知,即思维离不开感知觉和动作。感知和活动过程即思维过程。这是人类思维的最初级形式,是儿童最早出现的思维。

2. 婴儿分类能力

在范兹视觉偏好实验设计的基础上,研究者设计了新的实验思路进行婴儿分类能力研究。研究思路是,先给婴儿呈现并让其实际接触几种不同的刺激物,隔一段时间后,再呈现与先前所呈现的刺激物在本质特点上相同,但在某些具体特征上有些区别的刺激,观察婴儿的反应。如果婴儿对第二次所呈现的刺激物的反应与第一次的反应类似,说明婴儿不仅具有分辨刺激的能力,而且还具有简单的归类能力。弗里德曼根据上述思路对6个月的婴儿进行了测查。第一次呈现的刺激物是绒毛熊、圆形小摇鼓和小塑料球;第二次呈现的是绒毛猫、方型小摇鼓和大塑料球。结果发现,在第一次对绒毛熊表现偏好的儿童,在第二次物体呈现后对绒毛猫也表现偏好,具体表现为注视的时间长、注视时有抓取的动作倾向以及在实际接触刺激物时的动作模式与第一次时的相同,对另外两种刺激物的反应情况也一样。这表明,婴儿能通过简单的知觉分类将一些东西归为已知类别,并对此做出恰当的反应。

3. 婴儿问题解决能力

问题解决有一个产生和发展的过程。婴儿在与外界现实相互作用中,经常会遇到各种"问题"。例如,4个月的婴儿怎样去抓握一个物体;8个月的婴儿如何把手里的东西从一只手倒换到另一只手里;1岁的婴儿如何寻找眼睛看不到的玩具等。因此,他们从小就出现了要解决问题的努力。

二、幼儿时期的身体和认知发展研究

(一)幼儿脑结构与功能的发育

1. 幼儿大脑结构的发展

幼儿大脑结构的发展主要表现在以下方面。
(1)幼儿脑重的增加
人类大脑的实际结构是由出生后的早期经历决定的。孩子出生后头两年脑部发育最快,3 岁儿童的脑重约 1 000 克,相当于成人脑重的 75%,而 7 岁儿童的脑重约 1 280 克,基本上已经接近成人大脑的脑重量(平均为 1 400 克)。

(2)幼儿大脑皮质结构的发展

2 岁以后,脑神经纤维继续增长,此后,神经纤维的分支进一步增多、加长,额叶表面积的增长率继 2 岁左右的增长高峰后,在 5~7 岁时又有明显加快,此后维持在稳定水平。同时,神经纤维的髓鞘化也逐渐完成,使得神经兴奋的传导更加精确、迅速。

(3)幼儿脑电波的变化

幼儿大脑结构的相对成熟为幼儿智力活动的迅速发展和新的、复杂行为的形成提供了生理上的保证。国外有研究指出,5 岁前儿童的脑电图 θ 波(4~7 次/秒)多于 α 波(8~13 次/秒),5~7 岁时 θ 波与 α 波的数量基本相同,7 岁之后 α 波逐渐占主导地位。刘世熠等(1962)研究发现,大脑的发展是不平衡的,随年龄的增长而发展,而且这一过程是不可逆的。在 4~20 岁之间,脑电波发展存在两个明显的加速时期,第一次在 5~6 岁左右,表现为枕叶 α 波与 θ 波斗争最为激烈,α 波逐渐超过 θ 波;第二次出现在 13~14 岁左右,表现为除额叶外的整个皮质中,α 波与 θ 波的斗争基本结束,θ 波基本上被 α 波所代替。

2. 幼儿皮质抑制功能的发展

皮质抑制功能是儿童注意力、思维能力、观察力、意志力和自我调控能力的重要保证。3 岁以前儿童的内抑制功能发展很慢,约从 4 岁起,由于神经系统结构的发展,内抑制功能开始蓬勃发展起来,皮质对皮下的控制和调节作用逐渐加强。与此同时,幼儿的兴奋过程也比以前增强,表现在儿童的睡眠时间逐渐减少,清醒时间相对延长。新生儿每日睡眠时间达 20 个小时以上,1 岁儿童需要 14~15 个小时,3 岁儿童为 12~13 个小时,5~7 岁只需 11~12 个小时。与成人相比,幼儿的抑制功能还是较弱,因此不能对幼儿有过高的抑制要求。

(二)幼儿身体的发育

与 3 岁以前相比,幼儿的身体发育速度相对减缓,在 3~6 岁这个阶段,儿童的身高大约年增长 4~7 厘米,体重年增加 4 千克左右。这个阶段儿童的骨骼硬度较小,但是弹性非常大,可塑性也非常强,因此一些舞蹈、体操、武术等项目的训练从这个阶段就开始了。幼儿在这个阶段肌肉发育的特点为,跑、跳已经很熟练,但是手的动作还很笨拙,一些比较精细的动作还不能成功完成,这一阶段的肌肉发育还处于发育不平衡阶段,大肌肉群发育得早,小肌肉群发育还不完善,而且肌肉的力量差,特别容易受损伤。另外,这一阶段幼儿的心肺体积比例大,心脏的收缩力差,平均每分钟心跳 90~110 次,肺的弹性较差,对空气的交换量较少,所以大强度的运动,会使儿童的心肺负担加重,影响身体健康。这个时期,由于儿童生理的发育速度很快,因此新陈代谢比较旺盛,但是由于生物机体的功能发育还不成熟,对外界环境的适应能力以及对疾病的抵抗能力都较弱。

(三)幼儿的动作发展

在这一时期,许多新的动作技能产生了,其中每一种技能都是在婴儿期简单的运动模式基础上发展起来的。

1. 幼儿大动作技能的发展

随着儿童的身高和体重的增长,他们的重心开始向下转向躯干的发育,平衡能力大大增强。幼儿的步伐开始流畅而富于节律性,起初是跑,后来是双脚跳、单脚跳、快跑。当儿童脚下更稳时,他们的手臂和发育不全的身体能够试着使用新的技能,如扔球、接球、骑三轮车、玩单杠等。上肢和下肢的运动技能开始结合为更精细的活动。

2. 幼儿精细动作的发展

精细动作是指协调胳膊、手和手指等更小肌肉的能力,精细动作技能在儿童早期也有了飞跃性的发展。此时,他们开始进入幼儿园接受正规的学前教育,这种集体生活的锻炼促使幼儿的双手技能迅速地成熟。他们可以自己洗脸、穿衣服、刷牙,进行一切力所能及的活动。

3. 幼儿绘画动作技能的发展

绘画是幼儿表达自己美好愿望的语言和符号,它反映着幼儿智力的发展情况,也是幼儿非常喜欢的动作游戏。随着年龄的增长,儿童在绘画上表现出四个明显的阶段性特征。

(1)涂鸦阶段

1岁半左右至2岁为涂鸦阶段,这个阶段的儿童开始在纸上乱画,这些最初画下的东西纯属涂鸦。处于涂鸦阶段的儿童在乱涂乱画时极为专心,并经常迅速地画了一张又一张。其特点是不注意颜色,仅使用一支笔,没有想到要利用身边其他的笔。

(2)形状阶段

2～3岁为形状阶段,这个阶段的儿童常在画纸的中央,对涂抹做仔细的安排,以试图画一个基本的几何图形,其特征是将整个几何图形用乱涂的方式涂得满满的。

(3)图案阶段

3～4岁为图案阶段,在这一阶段,由于儿童所画的并非都是规则的图形,所以还有一个特别的分类叫"奇形怪状"。这个阶段末期的儿童还开始将两个单一的几何图形画在一起,产生一个新的"组合体"。这时的绘画仍然是非再现性的,但这却是通往再现性绘画的必经之路。

(4)图画阶段

4～6岁为图画阶段,这一阶段幼儿的绘画更有现实性,也更加复杂。这时的绘画在形状方面是不真实的,颜色的使用也是不真实的。儿童虽然发现了用图画来再现事物的可能性,但他们往往还会画一些涂鸦般的抽象画。

(四)幼儿言语的发展

幼儿时期是熟练掌握口头言语的关键时期,也是从外部言语(有声言语)逐步向内部言语(无声言语)过渡的重要时期,并有可能初步掌握书面言语。

1. 词汇的发展

(1)词汇数量不断增加

幼儿期是一生中词汇数量增加最快的时期,7岁时的词汇量是3岁时的3~4倍。关于词汇量的发展有许多研究。由于研究方法不同,儿童的生活和教育条件的差异,研究结果并不完全一致。但一般来说幼儿的词汇量是呈直线上升的趋势。

(2)词汇内容不断丰富

研究发现,以名词为例,每个年龄组幼儿使用最频繁和掌握最多的名词都是与他们日常生活内容密切相关的词汇,但随着年龄的增长,一些离日常生活距离较远的词汇也逐渐开始增加,同时抽象名词的比例也开始增长。幼儿词汇的抽象性和概括性也在增加,表现为抽象词汇逐渐增多,儿童对所掌握的每一个词的外延和内涵的理解不断丰富和深刻(表2-2)。

表2-2 幼儿具体名词和抽象名词比率表[①]

年龄(岁)	名词数量	具体名词 数量	具体名词 比率	抽象名词 数量	抽象名词 比率	显著性检验
3~4岁	935	795	85%	140	15%	$P<0.05$
4~5岁	1 446	1 211	84%	235	16%	$P<0.05$
5~6岁	2 049	1 675	81%	374	19%	$P<0.05$

(3)词类范围扩大

词从语法上可分为实词和虚词两大类。已有大量研究表明,

---

① 刘爱书,庞爱莲. 发展心理学[M]. 北京:清华大学出版社,2013.

幼儿先掌握的是实词,其中最先掌握的是名词,其次是动词,再次是形容词。随着年龄的增长,名词和动词在总词汇量中的比例逐年递减,其他词类的比例日益增长。幼儿掌握虚词较晚,数量也较小,没有明显增加。实词在3~4岁增长的速度较4~5岁迅速;而虚词在4~5岁时的增长速度较3~4岁时迅速。5岁左右是幼儿言语能力朝着连贯、简练进展的转折点。

(4)积极词汇不断增长

积极词汇是指儿童既能理解又能正确使用的词汇;消极词汇是指那些或者不能理解,或者有些理解却不能正确使用的词汇。研究发现,幼儿积极词汇随年龄的增加而不断增加,并使消极词汇不断转化为积极词汇。幼儿对词义的理解常有词义扩张或词义缩小的现象。词义扩张的倾向在1~2岁时最为明显,3~4岁逐渐有所克服。词义缩小的现象表现为对某些概括程度较高的词如"动物"等,往往只能应用于该范围中最典型的对象而排斥非典型的对象。到幼儿期,随着知识经验的积累和抽象概括能力的发展,词义缩小的倾向有所减少。此外,当儿童词汇贫乏或词义掌握不确切时,还有一种"造词现象"。例如,幼儿把小狗叫"汪汪"等。当幼儿确切地掌握了有关的词义时,这种现象就会逐渐消失。幼儿的词汇中有不少消极词汇,因此常常发生乱用词的现象。所以在教育上应注重发展幼儿的积极词汇,促进消极词汇向积极词汇转化。

2. 语法的发展

语法是指词的构成和变化的规则及组成句子的规则的总和。在整个幼儿期,儿童逐渐掌握了各种基本语法结构形式。

(1)从简单句到复合句

幼儿主要使用简单句。研究发现,2岁前儿童虽已使用复合句,但比例相当小。幼儿使用的复合句最显著的特点是结构松散,缺少连词,仅由几个单句并列组成。大约从3岁时开始使用极少数连词,以后虽逐年增加,但直到6岁,使用连词的句子仍不多。

(2) 从陈述句到多种形式的句子

儿童最初掌握的是陈述句,幼儿对某些较复杂的句型仍不能完全理解,如双重否定句、被动句。特别是当句子表达的内容不符合儿童的经验时,尤其易发生错误。如让幼儿理解双重否定句的"哪个小朋友今天没有不高兴"是相当困难的。

(3) 从无修饰句到修饰句

儿童最初的简单句是没有修饰语的,以后便出现了简单修饰语和复杂修饰语。简单修饰语的句子如"姐姐睡觉"。复杂修饰语句子如"两个小孩玩积木"等。

幼儿虽然已经能够熟练说出合乎语法的句子,但是并不能把语法当作认识对象。他们只是从言语习惯上掌握了它。专门的句法知识的学习要到小学才能进行。

3. 口语表达能力的发展

连贯言语和独白言语的发展是儿童口语表达能力发展的重要标志。口语表达能力的发展既有利于内部言语的产生,也为幼儿进入学校接受正规教育、掌握书面言语奠定了基础。

(1) 从对话言语过渡到独白言语

3岁以前,儿童的言语大都采取对话的形式,而且他们往往只是回答成人提出的问题,或向成人提出一些问题和要求。到了幼儿期,由于独立性的发展,儿童常常离开成人进行各种活动,从而获得一些自己的经验、体会、印象等。这样,独白言语也就逐渐发展起来了。

(2) 从情境言语过渡到连贯言语

幼儿初期的言语基本上都是情境性言语。虽然能够独自向别人讲述一件事情,但句子很不完整,常常没头没尾。4~5岁幼儿不能说明事物现象、行为动作之间的联系,只能说出一些片断,但语句的连贯性已经有了一些进步。直到六七岁,儿童才能比较连贯地表达,由叙述外部联系发展到叙述内部联系。

4. 内部言语的发展

内部言语是言语的高级形式,它是在外部言语的基础上产生的,比外部言语压缩、概括。内部言语跟抽象逻辑思维有更多的联系,它主要执行着自觉的自我调节的机能。幼儿初期没有内部言语,到了幼儿中期,内部言语才产生。幼儿的内部言语呈现一种介乎外部言语和内部言语的过渡形式,即出声的自言自语。幼儿的自言自语有两种形式:一种是游戏言语,是在游戏、绘画活动中出现的言语,用言语补充和丰富自己的行动。另一种是问题言语,是在活动中遇到困难或问题时产生的言语,这种言语由一些压缩的词句组成,一般比较简单、零碎。幼儿这两种言语所占的比例不同。3~5岁的儿童游戏言语占多数;5~7岁的儿童问题言语增多,这是因为年幼儿童还不会独立解决问题。幼儿初期自言自语在口头言语中占有很大的比例。但随着年龄增长,它的比例逐渐缩小。

(五)幼儿感知觉的发展

1. 听觉

在语音知觉方面,幼儿对纯音的听觉敏度比语音听觉敏度强,到幼儿中期,语音听觉敏度提高了,到幼儿晚期,语音的听觉敏度已接近成人,已经能辨明母语的全部语音。

2. 视觉

幼儿的视力不如正常成人。儿童的视力在2岁时达到0.5~0.6,3岁时达到1.0以上者为67%,到5岁时可达到83%,6岁时达到正常成人的视力范围。儿童在3~4个月时能辨别彩色与非彩色。幼儿初期已经能够初步辨认红、绿、黄等基本色。但在辨认近似色,如橙色与紫色、橙与黄、蓝与天蓝等,往往出现困难;幼儿中期的大多数儿童已能区分基本色与近似色,如黄色与淡棕色,能够经常地说出基本色的名称;幼儿晚期不仅能认识颜色,画图时还能运用各色颜料调出需要的颜色,而且能经常正确地说出黑、白、红、蓝、绿、黄、棕、灰、粉红、紫、橙等颜色名称。

3. 空间知觉

(1)形状知觉

研究发现,幼儿的形状知觉随着年龄发展提高很快。认识图形正确率高,而对图形命名正确率低。其中对圆形识别率最高,3岁时达到100%,其他图形则差些。

(2)大小知觉

研究发现,3岁幼儿一般已经能判断图形大小。4~5岁幼儿能判别等大的图形。至于5~6岁幼儿,即使在图形大小不等,排列次序错开的情况下,也能从中选出最大、最小和等大的。以上情况说明,儿童判别能力的发展是一个不断精确的渐进过程。

(3)方位知觉

研究发现,3岁幼儿能正确辨别上下方位;4岁能正确辨别前后方位;5岁开始正确辨别以自身为参照的左右方位;6岁时能完全正确地辨别上下前后4个方位;7岁后才能以他人为中心辨别左右,以及两个物体之间的左右方位。

(六)幼儿注意的发展

1. 幼儿的有意注意和无意注意的发展

(1)幼儿有意注意的发展

幼儿期有意注意处于发展的初级阶段,水平低、稳定性差,而且依赖成人的组织和引导。这时有以下特点。

第一,幼儿的有意注意受大脑发育水平的局限。有意注意是由脑的高级部位控制的。大脑皮质的额叶部分是控制中枢所在。额叶在大约7岁时才达到成熟水平,因此,幼儿期有意注意开始发展,但远远未能充分发展。

第二,幼儿逐渐学习一些注意方法。幼儿在成人教育和培养下,逐渐能够学会一些组织有意注意的方法。

第三,幼儿的有意注意是在外界环境,特别是成人的要求下发展的。儿童进入幼儿期,也就进入了新的生活环境和教育环境。儿童在幼儿园必须遵守各种行为规范,完成各种任务,对集体承担一定义务。所有这些都要求幼儿形成和发展有意注意,注意服从于任务的要求。

第四,幼儿的有意注意是在一定的活动中实现的。把智力活动与实际操作结合起来,让幼儿能够完成一些既具体又明确的实际活动的任务,有利于有意注意的形成和发展。

(2)幼儿无意注意的发展

3岁前儿童的注意基本上都属于无意注意。3～6岁儿童的注意仍然主要是无意注意。但是和3岁前儿童相比,幼儿的无意注意有了较大发展。这时主要有以下两个特点。

第一,刺激物的物理特性仍然是引起无意注意的主要因素。强烈的声音、鲜明的颜色、生动的形象、突然出现的刺激物或事物发生了显著的变化,都容易引起幼儿的无意注意。

第二,与幼儿的兴趣和需要有密切关系的刺激物,逐渐成为引起无意注意的原因。

2. 幼儿注意品质的发展

(1)注意广度

幼儿的注意范围较小,这是由于幼儿知识经验贫乏,眼球跳动的距离比成人短,不善于运用边缘视觉等原因造成的。

(2)注意稳定性

总的说来,幼儿的注意稳定性差,实验证明,在良好教育环境下,3岁幼儿能集中注意3～5分钟;4岁能达到10分钟;5～6岁幼儿能集中注意15分钟。在玩游戏的时候,集中注意的时间会延长一倍以上。

3. 注意在幼儿心理的发展中有重要意义

第一,注意使儿童从环境中接受更多的信息。

第二,注意使儿童能够发觉环境的变化,从而能够及时调整自己的动作,并为应付外来刺激准备新的动作,把精力集中于新的情况。

(七)幼儿记忆的发展

1. 幼儿记忆容量的发展

与婴儿期比,幼儿的记忆容量增加显著。儿童记忆广度的增加受生理发育的局限。儿童大脑皮质的不成熟,使他在极短的时间内来不及对更大的信息量进行加工,因而不能达到成人的记忆广度。

2. 幼儿记忆保持时间的发展

记忆的保持时间是指从识记到再认或再现之间的时间距离。已有研究表明,2岁能再认几个星期以前感知过的事物;3岁就能再认几个月前的事物;4岁能再认1年前的事物;7岁能再认3年前的事物。在再现方面,2岁能再现几天前的事物;3岁能再现几个星期前的事物;4岁能再现几个月前的事物;5～7岁能再现1年前的事物。当然这只是平均数据,有个别儿童的记忆保持时间会更好。

3. 幼儿有意识记和无意识记的发展

整个幼儿期的记忆是以无意识记为主,有意识记成分在逐渐增加。大约5岁以后,在教育的影响下儿童的有意记忆逐步地发展起来。这主要是由于言语发展的结果,同时,幼儿期的教育任务,如有意识去复述故事、回想问题等,也会促进儿童有意记忆能力的发展。

4. 元记忆的发展

(1) 幼儿记忆策略的形成

研究者们认为,使用记忆策略的儿童会比不使用策略的儿童有更好的回忆成绩。美国心理学家米勒(Miller,1994)的策略获得阶段说认为,儿童记忆策略的发展可以分为四个阶段,即无策略阶段、部分使用或使用策略的某一变式阶段、完全使用但不受益阶段以及使用且受益阶段。我国学者左梦兰等(1992)对4～7岁儿童记忆策略的运用做了考察,发现幼儿会利用事物间的某些联系作为策略进行意义记忆,并表现出一定程度的对策略的评价能力。发展过程体现为,4岁儿童处于运用策略进行记忆的萌芽阶段,5岁儿童进入发展的加速期,不少6岁儿童可在简单的操作中有组织、有计划地选用标志画片进行记忆操作。儿童关于记忆策略知识的增长是一个逐步发展的过程,儿童5岁以前没有策略,5～7岁处于过渡期,10岁以后记忆策略逐步稳定发展起来。

(2) 元记忆的形成

元记忆就是关于记忆过程的知识或认知活动。

① 儿童元记忆知识的发展。

在4～12岁之间,儿童关于记忆的知识显著增长,如学前儿童认识到记忆较多的项目比记忆较少的项目要困难,对材料学习的时间越长,保留的内容可能越多。

② 儿童记忆监控能力的发展。

监控在策略的执行中起着很大的作用,对自己记忆能力的预测与判断是记忆监控的一个重要方面。弗拉维尔(Flavell等,1970,1977)曾对儿童预测自己瞬时记忆广度能力的发展进行了研究。结果发现,学前儿童对自己的瞬时记忆广度的预测与真实的记忆能力之间具有较大的差距,他们对自己的记忆能力有明显高估的倾向;学龄儿童对自己记忆能力的估计已较为客观。

5. 自传体记忆的发展

自传体记忆是指自己生活中重要的事件和体验的记忆。自传记忆可以帮助个体建构个人生活史,使个体把自己的经验与他人的经验联系起来,在社交中创造共享记忆。父母经常和孩子谈论一些过去的及未来的事情,特别是与儿童的个人经验有关的事情。这样会使孩子明白什么是事件中的重要特征和如何组织建构这些事件,比如记住相关的时间、地点、人物、结果等,以及事件的时间顺序和事件的原因等。有研究表明,经常参与这类谈话的幼儿的自传记忆丰富。女孩的自传记忆比男孩丰富详细。

(八)幼儿思维的发展

1. 幼儿思维的基本特点

(1)具体形象思维占主导地位

具体形象思维是指儿童的思维主要是凭借事物的具体形象和表象,即凭借具体形象的联想来进行的。幼儿的思维内容是具体的。他们能够掌握代表实际东西的概念,不易掌握抽象概念。幼儿思维的形象性表现在幼儿要依靠事物在头脑中的表象来思维。具体形象思维是直觉行动思维的演化结果,具体形象正是儿童的直觉行动在思维中重复、浓缩而成的表象。随着活动的发展,幼儿的表象日益发展,表象在解决问题中所占的地位越来越突出,在思维中所占的成分也越来越大,思维的具体形象性就是这样在直觉行动中孕育起来并逐渐分化,成为幼儿思维的主要方式。

(2)抽象逻辑思维开始萌芽

抽象逻辑思维反映事物的本质属性和规律性联系,是通过概念、判断和推理进行的,是高级的思维方式。

在正确的教育下,到了幼儿晚期,随着儿童知识经验的增长,言语特别是内部言语的发展,儿童认识活动中的具体形象成分相对减少,抽象概括成分逐步增加。当然,幼儿虽然开始能进行一些初步的抽象逻辑思维,但是他们的思维的自觉性还很差,还不能像学龄儿童那样自觉地调节和支配自己的逻辑思维过程。

2. 幼儿概念掌握的发展

(1)幼儿概念掌握的一般特点

概念是人脑对客观事物的一般特征和本质特征的反映。概念是在概括的基础上形成起来的,是用词来标志的。幼儿概念掌握的特点包括以下几点。

第一,概括的特征很多是外部的、非本质的。儿童虽能概括某一类事物的共同特征,但常常把外部的和内部的、非本质的和本质的特征混在一起,还不能很好地对事物的内部的、本质的特征进行概括。正是由于这个原因,幼儿大多以功用性的定义来说明关于事物的概念。

第二,概括的内容比较贫乏。每一个词,基本上只代表一个或某一些具体事物的特征。例如,"猫"只代表自己家里的小花猫或少数他所看过的猫。到了幼儿晚期,概念所概括的内容才逐渐比较丰富。

第三,概括的内涵往往不精确。有时失之过宽,例如,把桌椅、柜子概括为"用的东西"。有时又失之过窄,例如,4岁儿童以为"儿子"一词就代表小孩,因此,有一天看见一个高大而嘴上有短胡须的男人说自己是谁的儿子,就会感到非常惊奇和惊讶。

(2)实物概念的掌握

幼儿掌握实物概念一般要经过以下几个阶段。

第一阶段:幼儿园小班儿童,实物概念代表儿童所熟悉的某一或某些事物。例如,问:"什么是马?"答:"就是那个大马(指幼儿所见过的马)"。

第二阶段:幼儿园中班儿童,已能在概括水平上指出某些实物比较突出的特征,特别是功用上的特征,例如,答:"马是可以骑的"。

第三个阶段:大班儿童开始能指出某一实物若干特征的总和,但只限于所熟悉事物的某些外部的特征。例如,答:"马有头,有尾巴,有四只脚,还可以让人骑着跑。"

在正确的教育下,大班儿童也有可能初步地掌握某一实物概念的本质特征。例如"马是动物"等,但这要取决于这些事物是否为儿童所熟悉,也取决于儿童是否掌握进行抽象概括时所需要的词。

(3)数概念的掌握

儿童掌握数概念总比掌握实物概念晚些,也比较难些。掌握数概念包括理解以下几方面内容。

①数的实际意义(3是指三个物体)。

②数的顺序(如2在3之前,3在2之后,2比3小,3比2大)。

③数的组成(如"3"是由1+1+1,1+2,2+1组成的)。

(4)类概念的掌握

在对事物或现象的特征有了充分的认识之后,则可以进行分类。通过分类,儿童可以逐渐掌握概念系统。国内外的心理学家用实物或形象的材料为实验材料来研究儿童的类概念。研究表明,4岁以下的儿童基本不能进行分类,六七岁的儿童已能按事物的功用和本质特点进行初步的分类,其抽象概括能力已开始初步发展。

3. 幼儿判断与推理能力的发展

(1)幼儿判断能力的发展

判断是概念与概念之间的联系,是事物之间或事物与它们的特征之间的联系的反映。一般来讲,幼儿判断的发展可分为四个基本阶段。

第一阶段,幼儿只用物体名称("称名判断")来回答一切问题。

第二阶段,儿童掌握了以谓语说明物体的品质、作用和数量的技能,儿童寻找客体的类似特征,并根据这些特征概括客体。

第三阶段,儿童已不满足于物体的共同特征,而且能指出其差异。

第四阶段,部分儿童开始掌握同时分析和综合物体特征的技能。

总之,幼儿对事物的判断,流于表面,依赖直觉,缺乏客观性和准确性。

(2)幼儿推理能力的发展

推理是判断与判断之间的联系,是在已有判断基础上推出新的判断。由于知识经验和认知水平的限制,幼儿的推理经常不合逻辑,局限于事物的表面。随着年龄的增长,幼儿晚期的儿童在所能理解的事物范围内,逐渐能够做出合乎事物本身逻辑的推理。

(九)幼儿想象的发展

幼儿期是想象发展最为活跃的时期。

1. 再造想象占据主导地位,创造想象逐步发展

再造想象在幼儿早期占据主导地位。想象在很大程度上具有复制性和模仿性。想象的内容基本上重现一些生活中的经验或作品中所描述的情节。幼儿再造想象往往是外界环境的刺激直接引起的。如幼儿在作画时,听见以前的故事配的音乐,就会把注意转移到音乐上,想起以前故事中的情节。

创造想象是幼儿高级心理活动开始出现的重要标志。幼儿最初的想象是无意的自由联想,没有什么创造性可言;经过一段时间,幼儿的想象可以根据一定的原型进行,但是模仿的成分较多,如原型是"田"字式的4个正方形,幼儿根据图形创造出来的是5个正方形;接着,幼儿的想象进一步发展,创造的成分不断加大,创造想象逐步成熟。

2. 无意想象占据主导地位,有意想象初步发展

在整个幼儿期,无意想象都处于主导地位。幼儿的想象通常没有事先预定的目的,想象活动大多是外界刺激引起的。在日常生活和学习中接触的事物,直接影响着幼儿想象活动的内容、形式。幼儿的想象是在情境中进行的,情境变化,想象的主题也随

之变化。

有意想象在幼儿早期开始萌芽,到了幼儿晚期逐渐发展并进一步完善。幼儿的想象有了较为明确的预定目的;在想象之前可以先确立目标,然后有目的地进行活动;想象主题变得稳定,甚至为实现主题可以主动去克服一部分困难,保证想象活动的顺利进行。

3. 想象的极大夸张性与现实合理性

幼儿的想象常常喜欢夸大事物的某个部分或某种特征。例如,幼儿喜欢童话故事就是因为童话内容的夸张性,如千里眼、顺风耳、大人国、小人国等。

幼儿知识经验储备较少,缺乏想象的材料与技巧,因此幼儿的想象常与现实相混淆。幼儿容易把想象的东西当成现实的东西;将自己的想象看作是真实的事;把自己强烈渴望得到的东西说成是已有的东西。幼儿的这个特点常常被误认为在说谎,实际上并非如此。教师和家长应加以询问,不应不分青红皂白,予以严厉的斥责。

第二节　婴幼儿时期的心理社会性发展研究

一、婴儿时期的心理社会性发展研究

(一)婴儿情绪发展

1. 常见的情绪

下面主要对快乐、恐惧和哭这三种情绪进行简要阐述。

（1）快乐

婴儿的笑是快乐的表现，其发展可分为以下几个阶段。

①自发性的笑。

新生儿常常在没有任何外部刺激的情况下发出笑声，这是自发性的微笑，是一种内源性的笑。

②无选择的社会性微笑。

婴儿在5～6周时表现出对人的特别的兴趣和微笑，成人的声音和面孔容易引起婴儿自发的社会性微笑。

③有选择的社会性微笑。

从4个月后，婴儿出现有差别的、有选择性的社会性微笑。对母亲、家庭成员和陌生人的笑是有区别的。这时婴儿表现出"认生"，即"陌生人焦虑"，也会出现对抚养者的依恋。当抚养者要离开时，婴儿会表现出"分离焦虑"。

（2）恐惧

恐惧是一种消极情绪。对于危险事物的恐惧，是一种适应性的保护自己的本能反应，对婴儿的生存是有益的。恐惧情绪的发展经历以下几个阶段。

①本能的恐惧。

这是一种自出生就有的反射性反应。最初的恐惧是由听觉刺激或触觉刺激引发的，如大的声响、突然的身体位置或姿态的变化、疼痛等。

②与知觉和经验相联系的恐惧。

大约从3～4个月起，曾引起的不愉快经验的刺激，会激发婴儿的恐惧情绪。这时恐惧情绪多是视觉刺激引发的。

③惧怕陌生人。

大约从6个月起，婴儿出现"认生"现象，也称之为"陌生人焦虑"。一般到1周岁时会消失，也有婴儿会持续到2～3岁。婴儿见到陌生人会哭泣或回避，立刻寻找或抱紧妈妈。

④预测性恐惧。

大约2岁左右，婴儿的恐惧较多地表现为由想象或预想引起的恐惧,如怕黑暗、怕独自一人等都属于预测性恐惧。一般来说,这些恐惧在 4 岁时达到高峰,一直到 6 岁才开始逐渐下降。

(3)哭

哭是婴儿情绪表达的基本方式,新生儿就是以其第一声啼哭宣告他来到了这个世界。其发展有一个过程,可以分为以下几个阶段。

①生理性的哭。

由饥饿、疼痛、机体不适等不适宜刺激引起,这种哭常常伴有嚎叫、闭眼、蹬腿等动作,常发生在早期,并随着年龄增长逐渐减少。

②心理性的哭。

由恐惧、害怕、突然受到惊吓等心理刺激引起,这种啼哭一般发生在 2~3 个月之后,带有明显的面部表情,并且很容易通过条件反射而泛化。

③社会性的哭。

6 个月以后,如果婴儿长时间得不到成人的陪伴,会用哭声来呼唤成人。同时,婴儿也逐渐学会把哭作为手段,运用哭声吸引成人注意,从而满足自己的需要。这是主动的、操作性的哭。

2. 对他人情绪的识别和理解

婴儿识别和理解他人表情的能力是逐步发展的,一般分为 4 个阶段。

(1)不完整的面部知觉

0~2 个月的婴儿对他人情绪的识别和理解通常是通过不完整的面部知觉完成的,刚出生的新生儿看到的事物是非常模糊的,对人的面孔的知觉也是如此,其视线停留在面部的边缘(如发际、下颌),而对面部的中心部位注视不够,对集中展示情绪的眼睛和口唇注视不够。

(2)无评价的面部知觉

2~5 个月的婴儿对他人情绪的识别和理解通常是通过无评

价的面部知觉完成的。随着视觉系统的成熟,婴儿逐渐具备了辨认面孔的能力,他们会对熟悉的人笑得较多,对陌生人笑得少,甚至躲避哭泣。大约在3个月的时候,婴儿能够分辨成人的不同表情,且能面对面地模仿成人的各种表情,能对成人的面部表情做出回应。

(3)对表情意义的情绪反应

5~7个月的婴儿对他人情绪的识别和理解通常是通过对表情意义的情绪反应完成的。6个月的婴儿能知觉面部表情的细微变化,能通过面部表情更精细地识别他人的情绪。他们能将积极表情和消极表情区分开,从而做出不同的反应。

(4)在因果关系参照中应用表情信号

7~10个月的婴儿对他人情绪的识别和理解通常是通过在因果关系参照中应用表情信号完成的。这时的婴儿已经学会识别他人的表情并影响自身行为。如8个月的婴儿面对母亲的微笑表现出相应的微笑;对母亲的悲伤表情表现出呆视或哭泣等。

(二)婴儿自我意识的发展

自我意识是人对自己以及自己与客观世界关系的一种意识,是个体的社会实践和人际交往的产物,在个体社会性发展中处于中心地位。

婴儿出生后在生活中获得了各种感觉经验,他们不能把自己作为一个主体同周围的客体区别开来,甚至不知道手、脚是自己身体的一部分,因而他们经常会咬自己的手指、脚趾,有时会自己把自己咬疼而哭叫起来。逐渐地,婴儿知道了手、脚等是自己身体的一部分。这些感觉经验逐渐使婴儿获得了身体的自我感觉。这就是自我意识的最初级形式或准备阶段。

自我意识的发展是以儿童动作的发展为前提的。当婴儿作用于客观事物时,他会注意到他的不同动作可以产生不同的结果。因而,1岁左右的儿童开始知道自己和物体的关系,把自己和客体区分开来。如我们常见到1岁左右的孩子不小心将手里的玩具弄掉,成人马上捡起递给他,之后他会有意地把玩具反复扔到地上,看见成人去捡时,他会非常高兴,似乎从中获得了极大的乐趣。

自我意识的真正出现是和儿童语言的发展相联系的。儿童开始了用语言称呼自己身体的各部分,然后会像其他人那样叫自己的名字。这时儿童只是把名字理解为自己的信号,遇到别人也叫相同的名字时就会感到困惑。儿童在2～3岁的时候,掌握代名词"我",这是儿童自我意识萌芽的最重要标志,标志着儿童自我意识的萌芽。

(三)婴儿气质的发展

气质是婴儿出生后最早表现出来的稳定的个人特征,是个性形成的基础。

1. 婴儿气质的类型

美国儿童精神病医生托马斯(Alexander Thomas)和切斯(StellaChes)将婴儿气质划分为困难型、容易型和缓慢型三种类型。

(1)困难型

困难型气质的婴儿在饮食、睡眠等生理功能活动方面缺乏规律性,对新食物、新事物、新环境接受很慢。时常大声哭闹,烦躁易怒,爱发脾气,不易安抚。他们的情绪总是不好,在养育过程中容易使亲子关系疏远。

(2)容易型

容易型气质的婴儿吃、喝、睡等生理功能有规律,容易适应新环境,也容易接受新事物和不熟悉的人。他们情绪一般积极愉快、爱玩,对成人的交往行为反应积极,容易受到成人最大的关怀和喜爱。

(3)缓慢型

缓慢型气质的婴儿活动水平很低,行为反应强度很弱,常常安静地退缩。情绪低落,不愉快,逃避新事物、新刺激,对外界环境和事物的变化适应较慢。但在没有压力的情况下,他们也会对新刺激缓慢地发生兴趣,在新情境中逐渐地活跃起来,随着年龄的增长,随成人抚育和教育情况不同而发生分化。

需要指出的是,有些婴儿往往具有上述两种或三种气质类型的混合特点,属于上述类型中的中间型或过渡(交叉)型。

2. 婴儿气质的稳定性与可变性

气质最主要的特征是稳定性,但其稳定性是相对的,气质也不是一成不变的。美国心理学家帕特森(GeraldR Patterson)等对12～30个月的婴儿进行家庭观察,得出的婴儿气质稳定性较低。由于这些研究只是记录了婴儿个别行为,人们也对其可靠性提出了质疑。于是研究者开始在控制较好的情景下进行观察并加以实验测量。如科纳(Anneliese F. Korner)采用几种客观方法观察、测量和评估新生儿的活动性和哭的个体差异,还是发现了日益增长的稳定性。

气质虽然是比较稳定的个性心理特征,在后天生活环境和教育的影响下,婴儿气质在一定程度上是可以改变的,美国心理学家卡根(Jerome Kagan)对100名婴儿的气质进行长达4年的追踪,结果发现,20个月时是非抑制型气质的婴儿,在4年里很少发生变化。而抑制型婴儿中有一半减少了抑制性。也有研究发现,出生时比较急躁的婴儿,在第2、第3年里比不急躁的婴儿更容易变为抑制型婴儿。

3. 婴儿气质对早期教养和发展的影响

(1)容易型婴儿对各种各样的教养方式都容易适应,因此这类婴儿容易抚养。

(2)困难型婴儿的早期教养和亲子关系一开始就面临着问题,父母必须要处理许多棘手的问题,如怎样适应婴儿生活不规律、适应慢的特点,怎样对待婴儿的烦躁哭闹等。如果父母的教养方式不能适应婴儿的气质特点,就会导致婴儿更加烦躁、抵触。因此,家长要全面考虑婴儿气质特点,采取适合婴儿气质特点和有针对性的措施,使婴儿健康成长。

(3)对缓慢型气质的婴儿,关键在于允许他们按照自己的速度和特点适应环境,如果给他们很大的压力,他们就会表现出回避倾向。事实上,这类儿童应多寻找机会去尝试新事物,适应新环境,逐渐获得良好的适应性。

因此,父母应接受婴儿与生俱来的气质特征,采取适合于儿童特点的教养方式,才能帮助儿童健康成长。

(四)婴儿社会性的发展

1. 婴儿的依恋

依恋是指婴儿与抚养者之间所建立的亲密的、持久的情绪联结,婴儿和照看者之间相互影响并渴望彼此接近,表现出依附、身体接触、追随等行为,它主要体现在母婴之间。

(1)依恋形成和发展的阶段模式

英国精神分析学家鲍尔比(Bowlby,1979)认为,人类拥有一个基本的需要,即与生活当中的其他人形成依恋。只有获得这种依恋,人类才能够建立起与人交往的技巧。根据鲍尔比的观点,依恋的能力是天生的,但它的形成受到早期与重要他人交往经验的影响。例如,如果儿童的母亲不在或者是没有形成一种安全而可靠的连接,那么儿童长大后将缺乏信任感和形成稳定而亲密关系的一种普通能力。相反,在童年时期,如果母亲或者是其他家庭成员为儿童提供了可靠而安全的基础,那么,儿童后来将有可能拥有亲密的人际关系。鲍尔比根据自己的研究,提出了依恋形成和发展的阶段模式。

①前依恋期

出生至2个月为前依恋期,婴儿似乎有一种有助于依恋发展的内在行为。新生儿用哭声唤起别人的注意。随后,他们用微笑、注视和咿呀语同成人进行交流,使成人与婴儿的关系更亲近。这时的婴儿对于前去安慰他的成人没有选择,所以此阶段又叫无区别的依恋阶段。

②依恋建立期

2个月至6~8个月为依恋建立期,在这一时期,婴儿能对熟人和陌生人做出不同的反应,能从周围的人中区分出最亲近的人,对熟悉的人有特殊友好的关系,并特别愿意与之接近。这时的婴儿一般仍然能够接受陌生人的注意和关照,同时也能忍耐同父母的暂时分离。

③依恋关系明确期

6~8个月至18个月为依恋关系明确期。在这一时期,婴儿对于熟人的偏爱变得更强烈,离开照看者时会感到不安,对陌生人表现出谨慎与回避。由于婴儿运动能力的发展,他们可以去主动接近人和主动探索环境,同时他们把母亲或看护人作为一个"安全基地",从此出发,去探索周围世界。

④目的协调的伙伴关系

18个月以上为目的协调的伙伴关系时期,在这一时期,由于言语和表征能力的发展,此时的婴儿能较好地理解父母的愿望、情感和观点等,同时能调节自己的行为。

(2)依恋的类型

美国心理学家艾恩斯沃斯(Ainsworth,1978)通过对婴儿依恋的实验研究,指出婴儿的依恋行为可以分为三种类型。

①回避型

回避型婴儿与母亲刚分离时并不难过,但独自在陌生环境中待一段时间后会感到焦虑。容易与陌生人相处,容易适应陌生环境,很容易从陌生人那里获得安慰。当分离后再见到母亲时,对母亲采取回避态度。当母亲抱起他时,他经常不去拥抱母亲。

②安全型

安全型婴儿最初和母亲在一起时,婴儿以母亲为"安全基地",很愉快地探索和玩;陌生人进入时,他有点警惕,但继续玩,无烦躁不安表现。当把他留给陌生人时,他停止了玩,并去探索,试图找到母亲,有时甚至哭。当母亲返回时,他积极寻求与母亲接触,啼哭立即停止。当再次把他留给陌生人,婴儿很容易被安慰。

③反抗型

反抗型婴儿与母亲在一起时,紧靠母亲,不愿离开母亲去探索环境,表现出很高的分离焦虑。由于同母亲分离,他们感到强烈不安;当再次同母亲团聚时,他们一方面试图主动接近母亲;另一方面又对来自母亲的安慰进行反抗,表现出矛盾的情感。

(3)依恋的影响因素

依恋的影响因素主要包括以下几方面。

①婴儿的心理特点

依恋是婴儿和抚养者之间建立的一种人际关系,他的产生和发展取决于关系的双方。婴儿气质是最早表现出来的心理特点。婴儿气质与环境的相互作用影响父母的教养方式。有研究(Van den Boorm,1995)表明,父母的养育方式是否符合婴儿的气质特点,决定婴儿依恋的类型。该研究教给母亲如何对待 6 个月大的易激怒的婴儿,母亲认识到了孩子的气质,对孩子变得亲切和耐心,并对孩子的需要快速做出反应,结果与婴儿建立起来安全型的依恋。因此,只要父母的养育方式适合婴儿的气质特点和需要,就可以和婴儿建立起安全型的依恋关系。

②母亲的养育方式

母亲是否能够敏锐地、适当地对婴儿的行为做出反应,母亲是否能积极地同婴儿接触,母亲能否在婴儿哭的时候给予及时安慰等,都直接影响着婴儿依恋的形成。回避型依恋儿童的母亲对婴儿提供了过多的刺激使其接受,例如她们常对婴儿唠叨个没完,以致婴儿不愿理睬;安全型依恋儿童的母亲对婴儿的信息很敏感,能及时做出反应,对婴儿的照顾体贴周到;反抗型依恋儿童的母亲则对婴儿照顾不周,对婴儿发出的信息不能及时做出反应,使婴儿的情绪受到挫伤。

③家庭因素

家庭环境因素,如家庭结构、家庭气氛等,也会影响婴儿依恋的发展。家庭的重大变故,如父母失业、婚姻危机或第二个孩子的出生,会影响亲子关系,自然也会影响依恋。

(4)依恋对儿童心理发展的影响

不同的依恋类型影响着儿童的发展。反抗型儿童则经常用焦虑和反抗来对付父母的帮助,他们很难从父母的经验中得到教益。安全型依恋的儿童社会技能强,亲子关系好,遵守规则,愿意学习新东西,容易适应新环境。这样的区别一直延续到学龄期。安全型儿童喜欢直接同教师接触,他们发现直接接触可以引起教师的注意。回避型儿童和反抗型儿童则频繁地请求帮助,但很少对得到的帮助感到满意。婴儿依恋类型也会影响其认知发展。安全型婴儿在以后的问题解决任务中表现出较高的热情和坚持性。不安全型儿童的发展前景是否就一定糟糕取决于父母的养育方式的连续性。若父母的养育方式得到改变,关心婴儿,对婴儿的需要较敏感,婴儿就会发展得较好。儿童的依恋是一个不断发展的过程,它将不断地反映父母—儿童关系的变化。在某种程度上,家庭情况及父母—儿童关系的变化,会改变早期依恋的性质。

2. 婴儿的同伴关系

随着婴儿的发展,与同伴的交往时间和交往数量越来越多,同伴在儿童发展中的作用也越来越大,并影响着婴儿个性、社会性的发展。在婴儿出生半年后开始出现真正意义上的同伴交往行为。婴儿的早期同伴关系的发展经历以下三个阶段。

(1)以客体为中心阶段

6个月~1岁属于以客体为中心阶段,这个阶段的婴儿通常互不理睬,只是看一看、笑一笑,或抓一抓同伴。他们的交往更多地集中在玩具或物品上。一个婴儿的社交行为往往不能引发另一个婴儿的反应。因此,这个阶段没有真正意义上的同伴交往。

(2)简单交往阶段

1~1.5岁属于简单交往阶段,这个阶段的婴儿已经能够对同伴的行为做出反应,并企图去控制另一个婴儿的行为,婴儿之间的行为开始具有应答性。这时婴儿之间的交往行为就是社交指向行为。社交指向行为指婴儿直接指向同伴的各种具体行为,如微笑、发声和说话、给或拿玩具等。婴儿发出这些行为时,总是伴随着对同伴的注意,也总能得到同伴的反应。于是,婴儿之间就有了直接的相互影响,简单的社会交往由此产生。

(3)互补性交往阶段

1.5~2.5岁属于互补性交往阶段,随着婴儿的发展,婴儿之间的交往内容和形式都更为复杂。2岁以后的婴儿逐渐习惯与抚养者分离,与同伴交往。他们一起玩耍、嬉戏、吃午饭等,也出现了婴儿之间的合作游戏、互补行为。在1.5~2岁期间,只要有机会就与同伴交往,这个时期将是社会交往的转折点。儿童同伴交往的发展要求有一定的环境条件。独生子女在3岁时还没有进入幼儿园,对儿童同伴交往和同伴关系的发展有不利影响。由于他们没有经历同伴交往的发展历程,对同伴很不熟悉,不会与同伴交往,其社交技能的发展也将被推迟。缺乏社交技能的儿童,其社会适应将会出现困难。

二、幼儿时期的心理社会性发展研究

(一)幼儿情绪的发展

幼儿情绪具有易冲动性、不稳定性、外露性的特点。但随着年龄的增长、脑的发育和语言的发展,幼儿情绪不断丰富和深刻化,稳定性逐渐提高,且有不断社会化的趋势,情绪的调节控制能力也逐步加强。

1. 幼儿情绪理解的发展

情绪理解是儿童期的重要发展任务,是儿童早期形成的解释情绪表达以及理解情绪与其他心理活动、行为和情境之间关系的能力。

（1）幼儿对面部表情的理解

研究发现，2～4岁儿童指认表情的能力优于命名表情的能力，指认和命名积极情绪的能力优于消极情绪。在消极情绪中，害怕是最难识别的表情。研究还发现幼儿在识别表情方面不存在性别差异。儿童面部表情识别的研究说明，儿童最早理解他人的情绪状态是基于外部世界的，是和事件一一对应的关系，不涉及其他复杂的心理活动。

（2）幼儿对情绪归因的理解

情绪归因能力是在一定的情境中，个体对他人的情绪体验，并对使他人产生情绪体验的情境作出原因性解释和推断的能力。研究发现，即使是3岁的幼儿也能够在情绪原因解释上表现出一定的能力。

（3）幼儿对情绪情境的理解

情绪情境理解是指在特定情境中，根据情境线索对主人公的情绪进行识别或推断。很多研究设计了一系列特定情绪情境，如通过木偶的肢体语言、声音、表情线索来呈现明显情境任务和非明显情境任务，以考察幼儿是否可以对情境中人物的情绪进行正确识别。明显情境任务指大多数人在此情境中都体验到同一种情绪，非明显情境任务是指在情境中有些人体验到某种情绪，而另一些人体验到另一种情绪。研究结果表明，在明显情境中，高兴、伤心等积极情绪最容易识别，害怕最难识别；在非明显情境中，当木偶的情绪和幼儿相反时，幼儿更容易识别，积极—消极情绪的组合较消极—消极情绪的组合容易识别。

（4）幼儿对混合情绪的理解

混合情绪理解能力指个体意识到同一情景可以同时诱发两种不同的甚至矛盾的情绪反应的能力。一些研究表明，5岁幼儿对冲突情绪的理解仍然有困难；到了6岁，幼儿开始知道同一客体可以引发一种以上的冲突情绪。

(5)基于愿望的情绪理解

基于愿望的情绪理解是指个体对于自己或他人在情景是否满足愿望时所产生的情绪的理解。研究表明,3岁可能是幼儿获得基于愿望的情绪理解能力的关键年龄,他们能够理解情绪和愿望之间的联系。例如,3岁幼儿能准确预测故事主角扔出的球被期望的对象接到时,会感到高兴;如果是另外一个对象接到,会感到难过。

(6)基于信念的情绪理解

基于信念的情绪理解指个体对于情境与自己或他人所持信念是否一致时所产生情绪的理解。研究发现,3岁幼儿能够正确理解基于愿望的情绪,但不能正确理解基于信念的情绪;4岁幼儿开始能够理解和信念有关的情绪,到6岁时幼儿才能较普遍地通过基于信念的情绪理解任务。4岁可能是基于信念情绪理解的关键年龄。

2. 幼儿情绪调节的发展

情绪调节是个体在对自身和外界环境认知、理解的基础上调控和管理自身情绪状态,以达到适应外界情景变化和自身需要的过程。幼儿情绪调节能力与其认知能力、运动能力和社会技能的发展密切相关,而且随着年龄的增长,所使用策略也逐渐丰富和恰当。具体特点表现在以下几方面。

(1)幼儿情绪调节随着社会认知能力的提高而发展

从本能式的哭闹反应到情绪伪装与掩蔽,从仅仅关注自身感受到逐步理解他人情绪等,幼儿情绪调节能力也不断发展。

(2)幼儿情绪调节随着自身运动能力的发展而发展

从婴儿时期的吸吮手指之类的行为,到控制视觉注意,再到行为回避乃至更高级调节方式的转变,都与幼儿运动能力息息相关。

(3)幼儿情绪调节从使用单一策略向多种策略的综合灵活运用发展

幼儿大多只使用某种单一的方式来调节情绪,且主要依靠照料者提供支持性的情绪调节。随着个体元认知能力的发展,10岁儿童大多都有了一套适当的调控情绪的技巧,并根据自己对事件可能结果的预测和控制程度,越来越灵活地独立运用各种不同的情绪调节策略。

(二)幼儿自我意识的发展

自我意识的发展即自我概念、自我评价、自我情绪体验和自我控制的发展。

1. 自我概念的发展

研究发现,儿童从3岁左右开始,出现对自己内心活动的意识。比如,儿童开始意识到"愿意"和"应该"的区别。4岁以后,开始比较清楚意识到自己的认识活动、语言、情感和行为。他们开始知道怎样去注意、观察、记忆和思维。但是,幼儿往往只停留在意识心理活动的结果,而意识不到心理活动的过程。如他能做出判断,却不知道判断是如何做出的。7岁之前,儿童的自我概念是外部的,对自己的描绘仅限于身体特征、年龄、性别和喜爱的活动等,还不会描述内部心理特征。

2. 自我评价的发展

研究发现,自我评价开始发生的转折年龄在3岁半左右至4岁,5岁儿童绝大多数已能进行自我评价。幼儿自我评价的特点包括以下几方面。

第一,轻信成人的评价。
第二,以对外部行为的评价为主。
第三,比较笼统的评价。
第四,带有极大主观情绪性的评价。

3. 自我情绪体验的发展

研究发现,自我情绪体验发生的转折年龄在 4 岁,五六岁儿童大多数已表现有自我情绪体验。在幼儿自我情绪体验中最值得重视的是自尊感。儿童在 3 岁左右产生自尊感的萌芽,如犯了错误感到羞愧,怕别人讥笑,不愿被人当众训斥等。随着儿童身体、智力、社会技能和自我评价能力的发展,儿童的自尊感也得到发展。

4. 自我控制的发展

研究发现,从缺乏自我控制到能自我控制的转折年龄在 4 岁左右。5~6 岁儿童绝大多数都有一定的控制能力。总的来说,幼儿的自控能力还是较弱的。

(三)幼儿性别化的发展

1. 性别概念的发展

儿童的性别概念主要包括三个成分:性别认同、性别稳定性和性别恒常性。通常认为,这三个成分的依次获得标志了性别概念的发展。

(1)性别认同

性别认同是指儿童对自己和他人性别的正确标定。大多数研究认为,儿童的性别认同出现在 1 岁半到 2 岁之间。到 2 岁半时,儿童不但能正确回答自己的性别,还能区分其他人的性别,也知道自己与同性别的人更相似。

(2)性别稳定性

性别稳定性是指儿童对自己的性别不随其年龄、情境等变化而改变这一特征的认识。3~4 岁的儿童能够认识到一个人的性别在一生中是稳定不变的。儿童对自己性别稳定性的认识要早于对别的孩子性别稳定性的认识,他们早就知道,不管怎样,他们是不可能变为相反性别的人。

(3)性别恒常性

性别恒常性最早是由柯尔伯格(Lawrence Kohlberg)提出来的。他把性别恒常性定义为"对性别基于生物特性的不变特征的认识,它不依赖于事物的表面特征,不会随着人的发型、衣着、活动的变化而变化"。例如,达到性别恒常性的儿童知道发型、服饰、活动表现等表面变化不能改变人的性别。儿童一般到6~7岁时达到性别恒常性,这也是儿童达到具体运算思维阶段获得守恒概念的时期。6~7岁儿童首先对自己产生性别恒常性,然后才能应用到他人身上。

2. 性别角色观的发展

性别角色观是指儿童对不同性别行为模式的认识和理解。这种研究通常采用的方法是向儿童列举一些典型的男性或女性的行为活动,如打架、烧饭、玩玩具枪、玩洋娃娃等,让儿童说出哪些活动是适合男孩干的,哪些活动是适合女孩干的,借此考察其性别角色观的发展。

研究发现,儿童的性别角色观有个发展变化的过程。儿童3岁时能把传统的性别类型的玩具准确地归类,形成了对性别行为模式的认识和理解。4岁时,儿童能把特定的颜色与男性和女性联系在一起。此外,他们还知道大部分有关成人职业的性别标准,比如他们期待女人成为教师或者护士,而男人应该去做飞行员或者警察。到5岁时,儿童开始从心理上理解不同性别的行为模式,并认为男性应该高大、说话响亮、富有进取心、独立、自信等,而女性应该娇小、温柔、文静、善良、富有情感等。

3. 性别化行为的发展

儿童的性别概念和性别角色观的形成使得儿童性别化的行为也得到发展。他们比较偏爱社会期待他们的性别所从事的活动。研究表明,儿童2岁时,就选择适合自己性别的玩具和游戏。比如,男孩偏爱小汽车之类的玩具,而女孩喜欢玩娃娃和毛绒玩具。在没有其他玩具的情况下,他们通常也会拒绝玩异性孩子的玩具。

男女儿童在性别化的过程中具有发展上的差异。例如,男女儿童对同性同伴的偏好出现的时间不同。女孩一般在 2 岁,男孩一般在 3 岁;但是儿童喜欢与同性伙伴玩耍的特点一直持续到儿童中期,并具有跨文化的一致性。有研究发现,男孩的性别化兴趣比女孩更稳定,男孩在学前期和学龄期表现出的性别化倾向更多地保持到成年阶段。而且,由于大多数社会里男性的地位比女性高一些,所以男女儿童都常常被男性的事情所吸引。

(四)幼儿社会性的发展

1. 幼儿社会交往的发展

(1)与父母的交往
①亲子交往的影响因素
亲子交往的影响因素主要包括以下几方面。

第一,父母的性格、爱好、教育观念及对儿童发展的期望。脾气暴躁的人容易成为专制型的父母,而对孩子发展抱有极高期望的父母也往往采用高压控制的教养方式。相反,脾气温和、性格平稳的父母比较容易接受孩子的行为和态度,如果对子女发展抱有较高期望,则很可能成为权威型父母。

第二,父母的受教育水平、社会经济地位、宗教信仰以及父母之间的关系状况等。母亲是否参加工作,从事什么类型、性质的工作,对其与子女的交往关系乃至儿童的身心发展,都有相当程度的影响。有工作,尤其是从事知识性、层次较高工作的母亲,在亲子交往中多采用引导、说理和鼓励的抚养方式,亲子间关系融洽,儿童发展也较顺利。相反,母亲如果没有工作、家庭经济比较紧张,或者母亲从事层次较低的体力工作,常常在与儿童交往过程中缺乏耐心,对亲子关系的发展极为不利。

第三,儿童自身的发育水平和发展特点。儿童气质、体质上的差异往往引起父母不同的抚养行为。比如困难型的婴儿,经常哭闹,且很难平静下来,对父母的抚养行为缺乏积极的响应,他们的父母也往往倾向于不满、抱怨,很少为他们提供积极、耐心的指导,亲子关系容易紧张;容易型的婴儿,常常对父母"笑脸相迎",能对父母的抚爱作出积极响应,他们的父母一般倾向于对他们反应积极,给予更多的注意和爱抚。

②亲子交往的意义

良好的亲子关系对儿童的健康成长具有重要的作用,这主要表现在以下几方面。

第一,早期亲子间的情感联系是以后儿童建立同他人关系的基础。儿童早期亲子关系良好,长大后就比较容易与其他人建立良好的人际关系。

第二,父母的教养态度和方式直接影响到儿童个性品质的形成,是儿童人格发展最重要的影响因素。

(2) 与同伴的交往

同伴关系是指年龄相同或相近的儿童之间的一种共同活动并相互协作的关系,或者主要指同龄人间或心理发展水平相当的个体间在交往过程中建立和发展起来的一种人际关系。

①同伴交往的影响因素

同伴交往的影响因素主要包括以下几方面内容。

第一,儿童自身的特征。儿童自身的身心特征一方面制约着同伴对他们的态度和接纳程度,另一方面也决定着他们自身在交往中的行为方式。

第二,早期亲子交往的经验。亲子关系对今后的同伴关系有预告和定型的作用,而新近的观点则认为二者是相互影响的。儿童在与父母的交往过程中不但练习着社交方式,而且发现自己的行为可以引起父母的反应,由此获得一种最初的"自我肯定"的概念。这种概念是儿童将来自信心和自尊感的基础,也是其同伴交往积极、健康发展的先决条件之一。

第三,活动材料和活动性质。活动材料,特别是玩具,是幼儿同伴交往的一个不可忽视的影响因素,儿童之间的交往大多围绕玩具而发生。在没有玩具或有少量玩具的情况下,儿童经常发生争抢、攻击等消极交往行为;而在有大玩具的条件下,儿童之间倾向于发生轮流分享、合作等积极、友好的交往行为。另外,活动性质也影响同伴交往。在自由游戏情境下,不同社交类型的幼儿表现出交往行为上的巨大差异,而在有一定任务的情境下,如在表演游戏或集体活动中,即使是不受同伴欢迎的儿童,也能与同伴进行一定的配合、协作,因为活动情境本身已规定了同伴间的合作关系,对其行为提出了许多制约性。

②幼儿同伴交往的意义

第一,同伴交往是儿童积极情感的重要后盾。同伴间良好的交往关系,使儿童产生安全感和归属感,对幼儿具有重要的情感支持作用。

第二,同伴交往有利于儿童学习社交技能和策略。与亲子交往相比,儿童需要自己去引发和维持同伴交往,理解同伴传递出来的相对模糊的反馈信息,还要根据场合与情境性质的不同来确定自己的行为反应,这就使得儿童必须发展多种社交技能和策略,使其行为反应更富有表现性,通过不断地调整自己的行为方式,掌握较为适宜的交往方式。

第三,同伴交往促进儿童认知能力的发展。同伴交往为儿童提供了大量的与同伴交流、协商、讨论的机会,儿童常在一起探索物体的多种用途或问题的多种解决方式,他们分享知识经验、相互模仿、学习,这些都有助于促进儿童认知能力的发展。

第四,同伴交往有助于儿童自我概念和人格的发展。儿童通过与同伴的比较进行自我认知。同伴的行为和活动能够为儿童提供自我评价的参照,使儿童能够通过对照更好地认识自己,对自身的能力做出判断。良好的同伴关系也可以促进人格的健康发展,甚至在儿童处于不利处境下,可以抵消不良处境对其发展的影响。

2. 幼儿的攻击行为

攻击行为又称侵犯行为,是指任何有目的地伤害他人(或其他生物)而被伤害者试图回避的行为。

(1) 攻击行为的分类

攻击行为根据不同的标准有不同的分类方式,在所有分类中,哈吐普(Hartup,1974)的观点得到了广泛的采纳。哈吐普按照动机不同将攻击性行为划分为工具性攻击和敌意性攻击。

①工具性攻击

工具性攻击是指攻击的目的是为了得到某个物品,如争夺玩具或空间等,把攻击行为作为一种达到目的的手段,又称为以物为指向的攻击。

②敌意性攻击

敌意性攻击是指攻击的目的是为了报复或伤害他人(身体、感情和自尊等),又称为以人为指向的攻击。

(2) 幼儿攻击性行为的发展

哈吐普(Hartup,1974)的研究表明:3~6岁幼儿的攻击性行为随年龄的增长而增加,身体攻击在4岁时达到顶点;对受到进攻或生气的报复倾向,3岁时有明显增加;进攻的挑起者和侵犯形式也随年龄而变化,身体攻击减少,言语攻击增多,以争夺玩具为主转向人身攻击,如取笑、奚落、叫绰号等。

研究也表明,在幼儿期,男孩和女孩攻击性的发展过程截然不同,男孩比女孩更多地怂恿和更多地卷入攻击性事件,在受到攻击后男孩比女孩更容易发动报复行为,碰到对方是男性比对方是女性时更容易发生攻击行为。总之,无论在实际的攻击行为还是在攻击的倾向性上,自幼儿期起,男孩都比女孩表现出更强的攻击性,并且这种性别差异具有跨文化的普遍性。另外,在攻击的方式上,男孩较喜欢使用直接的身体攻击,而女孩则喜欢采用言语形式的攻击,而且年龄较大的女孩更多地采用间接的攻击;但在直接的言语攻击方面没有显著的性别差异。

3. 幼儿的亲社会行为

亲社会行为又称向社会行为、利他行为,是指人们在社会交往中所表现出的谦让、帮助、合作、分享,甚至为了他人利益而做出自我牺牲的一切有助于社会和谐的行为及趋向。

(1) 亲社会行为的分类

罗森汉(Rosenhan,1972)认为可把亲社会行为分为两类。一种是自发的亲社会行为，即动机是关心他人的亲社会行为。另一种是常规性的亲社会行为，即期望得到对自身有利的好处如避免惩罚等。

(2) 儿童亲社会行为的发展

亲社会行为的萌芽可以在儿童的计划、游戏、分享中看到，儿童在满1周岁之前就学习通过指点和姿势来与人分享有趣的信号和物体。到了1.5岁左右，儿童不仅接近有困难的人，而且能提供特定的帮助。许多两三岁的儿童尽管对同伴的悲伤表现出了同情和怜悯，但他们不是非常热衷于真正做出自我牺牲，如和同伴分享一个心爱的玩具。只有当成人教育孩子要考虑他人需要的时候，或者当一个同伴主动要求甚至强迫他们做出分享行为时，分享和其他友善行为才有可能发生。儿童虽然很早就表现出亲社会行为的倾向，但最初的亲社会行为伴随着具体、确定的奖赏，以后逐渐发展为自发自愿，不求外加报酬的利他行为。

(五)幼儿游戏的发展

游戏是幼儿的主导活动，游戏不仅促进了幼儿身体运动技能的发展，而且对认知能力的提高和个性的形成都有重要的意义。

1. 游戏的理论

(1)精神分析理论

弗洛伊德提出了游戏的补偿说，又称发泄论。他认为，游戏是被压抑的欲望的一种替代行为，是补偿现实生活中不能满足的愿望和克服创伤性事件的手段。儿童就是为了追求快乐、宣泄不满而游戏。游戏是一种保护性的心理机制。美国心理学家埃里克森(E. H. Erikson)从积极的方面发展了弗洛伊德的观点，提出了掌握论。他认为游戏是自我的一种机能，可以降低焦虑，使愿望得到补偿性的满足。儿童在游戏中可以修复自己的精神创伤。

(2)维果茨基的游戏理论

维果茨基从文化历史发展的角度来探讨儿童的游戏问题。他认为游戏是社会性实践活动,儿童看到周围成人的活动,就把它模仿迁移到游戏中。当儿童在发展过程中出现了大量的、超出儿童实际能力的、不能立即实现的愿望时,游戏就发生了。维果茨基认为游戏对儿童具有重要的发展价值,这主要体现在以下几方面。

第一,游戏创造了儿童的"最近发展区"。在虚构游戏中遵循规则,儿童能够了解社会的模式形态与期望,并且努力表现出与之相符合的行为。

第二,游戏促进儿童思维的发展。游戏使思维摆脱了具体事物的束缚,儿童不仅按照对物体和情境的直接知觉行动,而且能根据情境的意义去行动。

第三,游戏有助于儿童意志行为的发展。游戏规则是幼儿自己制定并乐于执行的一种内部自我限制,儿童必须遵循游戏规则,才能成功地进行游戏。游戏有助于儿童最大限度地控制自己的不良行为,促进儿童意志品质的发展。

(3)皮亚杰的游戏理论

皮亚杰把游戏看作是智力活动或认知活动的一个方面,游戏的实质就是同化超过了顺应。儿童早期,由于认知结构发展不成熟,常常不能够保持同化与顺应之间的协调或平衡。当顺应的作用大于同化时,表现为主体忠实地重复范型动作,即模仿,当同化大于顺应时,主体完全不考虑事物的客观特性,只是为了满足自我的愿望与需要去改造现实,这就是游戏。游戏给儿童提供了巩固他们所获得的新的认知结构及发展情感的机会。

(4)元交际的游戏理论

元交际理论不仅指出了游戏本身的价值,而且也为重新认识儿童游戏的地位提供了新思路。贝特森运用人类学、逻辑学、数学的理论来研究游戏,试图揭示游戏的意识与信息交流过程的实质,由此提出了游戏的元交际理论。人类的交际不仅有意义明确的言语交际,而且有意义含蓄的交际。这种意义含蓄的交际就是元交际,它依赖于交际双方对于隐喻的信息的辨识和理解。游戏以一种"玩""假装"为背景来表现种种现实生活中的行为,只有理解了这些行为背后的含义,参与者才能真正进入游戏情景。只有当参与者能够携带着玩的信息达成协议或进行元交际,游戏才能发生。儿童游戏的价值不在于教会儿童某种认知技能或承担某种角色,而在于向儿童传递特定文化下的行为框架,并教儿童如何联系所处的情境来看待行为,以及如何在联系中评价事物。

(5)游戏的觉醒—寻求理论

20世纪六七十年代出现了游戏的觉醒—寻求理论。这一理论主要探讨游戏发生的生理机制与环境的影响,认为有机体的中枢神经系统总是要通过控制环境刺激量来寻求一个最佳觉醒水平。如果这种最佳觉醒水平被新奇的,不同的或不解的事物提高时,有机体就会通过减少注意来排斥一些刺激。当环境的刺激量降低到最佳觉醒水平以下时,有机体会进行刺激寻求活动,通过多方探索制造新的刺激来提高觉醒状态。而游戏正是儿童用以调节环境刺激量以达成最佳觉醒状态的工具。游戏的觉醒—寻求理论提示人们注意环境刺激适宜性问题。教育者在布置教育环境、安排教育内容及投入活动材料时均需注意这些问题,因为过多、过少的环境刺激均不利于儿童的游戏行为和心理发展。

2. 游戏的分类

(1)帕腾的游戏分类

美国心理学家帕腾(Parten)按照儿童社会性发展把游戏分为六种。

①旁观者行为

儿童大部分时间是在看其他儿童玩,听他们谈话,或向他们提问题,但没有表示出要参加游戏。

②无所用心的行为

无所用心的行为是一种无目的的活动。儿童不是在玩,而是注视着身边突然发生的使他感兴趣的事情,或者摆弄自己的身体,或从椅子上爬上爬下,到处乱转,闲荡、东张西望而不参加游戏。

③独自游戏

独自游戏又称单独的游戏。儿童独自一个人在玩玩具,他只专注于自己的活动,不管别人在做什么,也没有作出接近其他儿童的尝试,所使用的玩具与周围其他儿童的不同。

④联合游戏

联合游戏是一种没有组织的共同游戏。儿童有交往,互相借玩具,有说有笑,从事类似的活动,但儿童之间没有为同一目标而分工合作,各自根据自己的愿望做游戏。

⑤平行游戏

平行游戏是指儿童在一起玩,所用玩具和游戏方式大体相同,但相互间不交往,不联系,各自的游戏内容也没有什么联系,形成各种游戏同时并存的状态。随着年龄的增长,平行游戏越来越少,同伴之间的交往也会越来越多。

⑥合作游戏

合作游戏是一种有组织、有规则,甚至有首领的共同活动。儿童在一个组织起来的小组里游戏,服从首领的指挥,为了共同的目标而分工合作,有共同计划的活动和达到目的的方法。

(2)皮亚杰的游戏分类

皮亚杰根据儿童认知发展阶段把游戏分为以下几种。

①象征性游戏

在前运算阶段,儿童的游戏有了关键性的变化,即发展出象征性游戏,它是幼儿游戏的典型形式。随着儿童象征功能的出现,儿童将一物体作为一种信号物来代替现实的客体,即以物代物或以人代人,象征性游戏就开始了。

②练习性游戏

这种游戏的功能是对动作的积极重复和巩固,从动作的重复中得到机能性快乐,产生或获得有力量的感觉。在感知运动阶段,儿童的游戏以练习性游戏为主,这也是儿童出现最早的一种游戏形式。练习性游戏是在整个儿童期都可以看到的游戏形式。但是随着年龄的增长,儿童通过这种游戏而获得的新东西越来少,这种游戏也逐渐减少。

③规则游戏

规则游戏是儿童在相互交往中以规则为目标的社会性游戏,是在象征性游戏之后出现的。规则可以是成人事先制定的,也可以是故事情节要求的,还可以是儿童自己规定的。有规则的竞赛游戏最能反映儿童的智力水平和认知能力。在有规则的竞赛游戏中体现出来的社会行为的规范化反映了儿童参与有规则的或由规则支配的社会关系的能力,同时,也为儿童积极的交往奠定了良好的基础。

④结构游戏

皮亚杰把结构游戏描述为使用物体构成或创造出某种东西的活动,即儿童运用积木、积塑、金属材料、泥、沙、雪等各种材料进行建筑或构造,从而创造性地反映现实生活的游戏。

需要注意的是,结构游戏并不与任何一个特定的认知阶段相对应。皮亚杰提出,结构游戏是感知运动游戏向象征性游戏转化的过渡环境,而且一直延续到成人期转变为建筑活动。

(3)我国游戏的分类

我国幼儿园的游戏活动常常根据游戏的目的性进行分类,将游戏分为以下几种。

①教学游戏

它是结合一定的教育目的而编制的游戏。利用这类游戏可以有计划地增长儿童的知识,发展儿童的言语能力,提高儿童的观察、记忆、注意和独立思考的能力。

②创造性游戏

创造性游戏是由儿童独自想出来的游戏,具有明显的目的、主题、角色分配,有游戏规则,内容丰富、情节曲折。创造性游戏主要包括以下几种。

第一,建筑性游戏。建筑性游戏是利用积木、沙、石等材料建造各种建筑物,从而发展幼儿的设计创造才能。

第二,角色游戏。角色游戏是幼儿通过扮演角色,借助模仿和想象来创造性地反映周围的生活。

第三,表演游戏。表演游戏让幼儿扮演童话故事中的各种人物角色,并以故事中人物的语言、动作和表情进行创造性表演。

③活动性游戏

活动性游戏是发展儿童体力的一种游戏。这类游戏可以使儿童掌握各种基本动作,尤其对于婴幼儿来说,活动性游戏是发展小肌肉动作、手眼协调能力的适宜形式。由此还可以提高儿童的身体素质并培养勇敢、坚毅、合作、关心集体等个性品质。

3. *游戏的发展*

(1)游戏时间的发展

游戏时间的长短反映了幼儿对游戏目标的坚持性,儿童游戏的时间随年龄增长而有所变化。幼儿初期的兴趣容易转移,对同一个游戏只能坚持几分钟至十几分钟;幼儿中期能坚持长达四五十分钟的游戏;幼儿晚期往往能好几天连续做同一个有趣的游戏。

(2)游戏形式的发展

游戏形式是幼儿在游戏中的一切行为的表现方式,一般是从模仿性游戏发展到角色游戏、表演游戏,进而到有规则的游戏;从不会事先分配角色到能自行分配角色,甚至能带别人玩,组织能力也得到发展。

(3)游戏内容的发展

儿童游戏内容伴随着生活经验的积累和生活范围的扩大而发展。不同的年龄阶段幼儿游戏的内容具有明显的差异。幼儿初期与婴儿期的游戏差不多,其主题是一些生活琐事,多为模仿成人运用物体的动作,具有片段性。但不像婴儿那样简单地重复一些动作,而是为行动赋予一定的意义。幼儿中期的游戏内容经常反映一些成人社会生产劳动以及人们之间的一般社会关系。幼儿晚期的游戏总是力求揭示和反映成人活动的社会意义。

(4)游戏参加人员的发展

幼儿初期的儿童70%喜欢一个人做游戏,如独自摆弄玩具等;幼儿中期的儿童能与2~3人做短时间的游戏;幼儿晚期的儿童游戏时参与的人数更多,往往总是进行集体性的游戏。

4. 游戏对儿童心理发展的意义

(1)游戏促进了儿童语言的发展

游戏为儿童提供了语言表达的环境,儿童在游戏中必须与同伴交流,练习表达与理解,语言中最复杂的语法和实用形式都是首先在游戏活动中出现的。

(2)游戏促进儿童认知发展

游戏给幼儿提供了各种机会,使幼儿获得和巩固知识,锻炼和发展智力。尤其是专门的智力游戏,更能有目的地发展幼儿各项智力。

(3)游戏促进儿童情绪及社会性的发展

游戏常常给人快乐的情感体验,集中表现为儿童的成功感、自信心和自尊心的增强。在掌握语言之前,儿童通过自由游戏表达快乐,应对恐惧和创伤。在游戏活动中,儿童通过模仿成人的言行,体验成人的情感,为同情和移情的发展奠定基础。在社会性发展方面,通过游戏,儿童从发现自我、了解自我到发现他人、了解他人,逐渐学会了使自己的意见和他人的看法协调起来,学会相互理解、协商、合作,学会对同伴让步以及被同伴接纳等。

第三章 儿童期的心理发展研究

儿童期大约在6~12岁期间,在幼儿期生长发育的基础上,身体继续生长发育,身体各项功能也在不断分化、增强,心理素质也得到了极大提升,本章即对儿童期的心理发展进行研究。

第一节 儿童期的身体和认知发展研究

一、儿童的大脑发育

(一)大脑结构的变化

据生理学的研究,6~7岁的儿童脑重在1 280克左右,以后增长就比较缓慢,9岁儿童脑重约为1 350克,12岁儿童为1 400克,达到了成人的平均脑重量,此时,脑形态的发育已基本完成。脑重的增加表明脑神经细胞体积的增大和神经纤维的增长。

(二)大脑功能的变化

1. 兴奋和抑制机能的发展

大脑兴奋机能的增强,可以从儿童醒着的时间较多这一事实看出来。新生儿每日需要的睡眠时间平均为20个小时以上,3岁儿童每日平均为12~13小时,5~7岁儿童降为每日平均11~12个小时,到12岁时,每日只需9~10个小时就足够了。

在皮层抑制方面,儿童大约从 4 岁开始内抑制就发展起来。儿童在其生活条件的要求下,特别是言语的不断发展,促进了内抑制机能的进一步发展,从而能更细致地分析综合外界事物,并且更善于调节和控制自己的行为。

兴奋和抑制过程是高级神经活动的基本机能,小学儿童的这两种机能都得到了进一步增强。

2. 条件反射的发展

随着年龄的增长,儿童期的兴奋性反射比以前(婴幼儿期)更容易形成,且不易泛化,形成后比较巩固。兴奋性条件反射的发展从生理机能上保证了小学生能和外界事物建立更多的联系,即能学习更多的东西。小学儿童入学后,随着学校生活的要求,如上课要遵守纪律,不能与同学乱说话等,再加之随着年龄的增长,大脑神经纤维髓鞘化的不断完善,大脑皮质对皮质下的控制能力增强,使得他们能够更快地形成各种抑制性条件反射,从而确保了小学儿童能够更好地对刺激物加以精确分析,更好地支配自己的行为。

二、儿童的身体发育

(一)身高和体重的变化

儿童期的身高随着年龄的增长而稳步增高,同时男女生在身体外形的发育上差异很小,这一点可以从他们的平均身高上看出。大约到 9~10 岁时,人们就能根据儿童的身高通过一些测试(如骨龄测试)来估计他们长大成人后的身高了。儿童期的体重与他们身高的发展有密切关系。在整个小学阶段,儿童的体重也是随年龄的增长而稳步增加的,同时,男女生之间的差异也不明显。

需要指出的是,衡量儿童期身体发育是否正常,需要将身高和体重两项指标结合起来考虑,否则可能会出现偏差。例如,从身高来看,某个学生很接近平均值,但他(或她)的体重却没有达到平均值或者超过平均值很多,这也说明该学生的身体发育不正常。

(二)生理机能的变化

由于儿童期新陈代谢快,血液循环需要量较大,因此生理机能的发育首先表现在循环系统和呼吸系统的变化上。

学龄儿童的心脏和血管都在不断地增大或增长,到小学毕业时,心脏的体积已经接近成人水平了。在整个儿童期,肺的发育经过了两次"飞跃",第一次是出生后第3个月,第二次在12岁前后,12岁时的肺是出生时肺的9倍。儿童期的肺活量会随着年龄的增长而增大。经常参加体育锻炼可以增强肺的功能,大大提高肺活量。

在骨骼和肌肉方面,儿童期的骨骼比较柔软,要到身体发育完全成熟时骨骼才完成硬化,儿童期的肌肉也逐步发达起来。

(三)脂肪组织的变化

脂肪组织又称为脂肪体,在童年初期,脂肪体在男孩和女孩身上所占的比例几乎相等。但随着年龄的增长,一般男孩的脂肪体减少,而女孩身上的脂肪体稍稍有所增加。在8岁左右时,女孩的脚、手臂和躯干在发育中增加了更多的脂肪。在儿童期,脂肪组织比肌肉组织发育得更快,但在整个儿童期,脂肪组织的生长实际上是下降的,而肌肉生长是增加的。女孩脂肪组织的保持时间相对更长,而男孩形成肌肉组织则相对要快。从身体外表看,女孩比男孩更圆、更软、更滑,因为她们的脂肪含量较高。

三、儿童的动作发展

(一)儿童运动技能的分类

美国"国家教育目标委员会"(Nation Education Group Panel,NEGP)将儿童运动技能分为大运动技能、精细运动技能、口语运动技能、感觉运动技能和功能水平五类。下面仅对前四种进行简要阐述。

1. 大运动技能

大运动技能是指全身或身体大部分的大肌肉的运动技能,包括走、跑、跳和爬的能力。

2. 精细运动技能

精细运动技能是指手部小肌肉的灵活性和精确性,如用剪刀剪切或扣扣子等能力。

3. 口语运动技能

口语运动技能是指儿童进行口语交流时,产生讲话声音的舌、唇、上下颚等发音器官活动的呼吸协调性技能。

4. 感觉运动技能

感觉运动技能是指儿童协调运动时,要求运用感觉信息指导动作的能力。

视觉、听觉、触觉和肌肉运动知觉是运动协调的决定性因素。例如,儿童踢球的活动中就要求有视觉、感知觉的参与。

(二)儿童运动技能的性别差异

在整个儿童期,即使是女孩的身高和体重都比一般男孩高,男孩的身体力量还是要优于女孩。与女孩相比,男孩有更大的腿部力量,在跳跃时胳膊和腿的协调性较好。女孩在运动技能的肌肉灵活性方面、平衡能力和运动节律方面超过男孩。但是,男孩和女孩的差异并非显著,而且一般来说有重叠,在男性比女性更擅长的活动方面,有一些女孩比一些男孩要好;相反,在女孩比男孩更好的运动能力方面,有一些男孩要比一些女孩表现得好。然而,在青春期以后,这些差异的大部分会迅速扩大,通常对男性更为有利。

(三)儿童总体运动技能的变化

一般来说,儿童期儿童的基本运动技能逐步改善,大多数达到 6 岁或 7 岁的儿童都已经掌握基本的运动技能。绝大多数儿童能用十分协调的手臂和大腿运动进行跳跃、跳绳、弹跳和爬绳。随着儿童年龄的增长,运动继续发展,儿童的反应变得更加协调和敏捷。在儿童协调、敏捷、流畅的运动中,大肌肉和小肌肉组织都发生了变化。

上小学的儿童迷恋许多体育活动,如攀爬、扔球和接球、游泳以及溜冰。在这一年龄阶段,涉及总体运动技能的活动成了重点。到 7～8 岁时,儿童对坐着玩的游戏产生了更浓厚的兴趣,因为他们的注意力范围以及认知能力都有了增长。到 8～10 岁时,儿童参与了耗时更长、更需聚精会神的活动,如足球或其他体育技能。当儿童到了儿童期的尾声时,他们对同辈相关的身体活动更加感兴趣了。

在学校这段时间,得到加强的平衡性、体力、敏捷程度以及灵活性使得他们在跑步跨越、单足跳以及各种球技上的动作更加到位。但男孩的总体运动发展要超过女孩,而女孩在精细运动技能上更高一筹。

四、儿童的言语发展

(一)儿童口头言语的发展

在幼儿阶段,孩子的口头言语有了很大的发展,能够和家长进行交流,儿童之间的谈话听起来和成年人也没有太大的差异,但这种表面上的相似具有很大的迷惑性,儿童的口头言语能力在整个童年期阶段仍然需要进一步锤炼才能达到成年人的水平。

1. 口头言语能力发展的特点

儿童口头言语能力的发展具有显著的特点，概括来说主要包括以下几方面。

(1)口头交流技能迅速发展

6岁左右的儿童在交谈中还不能完全自如地实现意见的交换。9～10岁的儿童能够根据交谈对象明确提出的要求来调整自己的交谈内容。到了11岁左右，儿童在交流中就能够表现出更多自如的意见交换。

(2)词汇量迅速增加

进入儿童期的儿童的词汇量迅速增加。费尔德曼(R. Feldman, 2007)的研究表明，在美国，6岁儿童大概拥有8 000～14 000个单词的词汇量，而9～11岁儿童的词汇量又增长了大约5 000个。李丹(2007)对我国儿童的研究发现，顺序信息短时记忆能力的提高是儿童词汇量发展水平的决定因素(顺序信息指的是呈现项目的序列顺序)。罗增让等(2002)研究发现，社会情境因素对儿童词汇量发展水平的影响很大。因此，在发展儿童词汇量时，要重视教育环境的重要作用。

(3)对句子的理解和运用程度进一步提高

小学儿童能用越来越复杂的句子进行口头表达，并且能纠正一些别人口头表达上的错误。而且儿童还能听懂别人的"反话"，理解别人话语的言外之意。这说明儿童已经学会不是只从字面去理解语句，而且还能结合具体的语境来理解说话人的意思。

(4)言语的情境适应能力提高

随着年龄的增长，儿童逐渐能够根据交际对象的特点来调整自己的言语行为和交谈内容。例如，儿童如果知道一个人对某个事物不太熟悉，他们就会在交谈中提供更多的信息来帮助对方认识事物。

2. 儿童口头言语能力的培养

可以通过以下几种方式来培养儿童的口头言语能力。

(1)加强口头言语的训练

在日常教学中,教师应要求儿童在说话时要尽量做到发音正确,用词恰当,句子完成通顺,表达清楚、连贯,并且要及时纠正儿童的不良发音,对于儿童在口头言语方面出现的各种问题要采取针对性的训练来加以改善。在生活中运用各种方法调动儿童说话的积极性,促进儿童的口头言语向着规范化的方向发展。

需要注意的是,在小学语文教学中,教师通常非常重视儿童读写这样的书面言语的培养,而忽视听说这样的口头言语的培养。在对低年级儿童的教学中,教师有时对儿童的口头言语还比较注意,儿童出现发音不准或讲话不完整时还能及时加以纠正;到了中、高年级,教师往往就会忽略儿童口头言语的培养和纠正。因此,在我国的小学语文教学中,应该大力扭转当前忽视口头言语教学的局面,把口语训练落实到语文教学的各个环节中去,例如,开设说话训练课或故事演讲比赛等。

(2)发挥规范言语的榜样作用

榜样的示范作用对于儿童言语的发展是极其重要的,因为儿童言语能力的发展很大程度上来源于对别人的模仿。我们常常可以看到,儿童说话时的语调和用词,甚至是表情和动作都酷似他们的双亲,或者是他们所喜爱的人。尽管在全国已经普及了普通话,不同地域的儿童在生活中还是会说不同的方言,这也是榜样示范的作用。因此,家长和教师应该重视榜样的示范作用,在日常生活中有意识地引导儿童模仿规范的口头言语,从而为言语的发展奠定良好的基础。

(3)创设丰富的交往和活动机会

言语本身就是在人与人之间的交往中产生和发展的,口头言语的发展离不开交往活动。因此,儿童只有在广泛的交往中收获到知识、经验、情感等,并把这些收获表达出来的时候,言语活动才会迅速发展起来。因此,家长和教师要充分创造条件,增加儿童与成人或与同伴之间的交往和各种活动,这样对儿童口头言语的发展具有促进作用。

(二)儿童书面言语的发展

儿童对于书面言语的掌握是遵循一定程序的,一般包括认识字词、阅读和写作三个过程。

1. 认识字词

儿童识字能力是在口头言语的基础上发展出来的,也就是说他们对于汉字的发音和意思已经基本掌握,识字主要是对字形的辨认过程,从而把字的音、形、义三者结合起来。

对于字形的认识是识字的重要开端,在这个过程中,教师可以采用综合—分析—再综合的方法,即先让儿童从一个字的轮廓入手,然后再细致地分析字形结构、偏旁部首和笔画,最后得到对于字的新的总体的认识。通过这种学习方法来识字会取得较好的效果。

对于较难记的形近字、多音字和同音字,可以采用比较的方式来帮助区分和识记。另外,字音和字形必须通过字义为中介在头脑中构成有机的整体,如果抛开字义来学习字音和字形的话,那就是一种机械的学习方式。

儿童在识字后容易出现回生现象,即学会之后又遗忘的现象。对于这种现象,教师要耐心地培养儿童学习后多加复习和巩固的好习惯。在刚入小学的阶段,儿童的书面言语的词汇量远远落后于口头言语的词汇量。随着教学的深入,书面言语的词汇量逐步丰富起来,并逐步超过了口头言语。

2. 阅读

儿童阅读能力的发展主要表现在阅读方式、阅读速度和理解能力三个方面。

(1)阅读方式

阅读方式有朗读和默读两种。对于低年级的儿童,在教学中往往采取朗读的方式来进行,因为朗读的速度较慢,而且大声朗读时更有利于词汇的记忆,比较适合低年级的儿童在课堂上集体进行。而对于高年级的儿童来说,他们的内部语言有了一定的发展,所以可以采用默读的阅读方式。默读需要在朗读的基础上发展起来。

儿童阅读能力的培养是一项复杂的任务。家长在儿童阅读能力培养的过程中起到关键作用,家长可以和儿童一起阅读故事书籍,或让儿童重复阅读书籍,这样可以增加儿童的词汇量。在每次阅读后,家长可以向儿童提出一些问题来促进儿童的思考,这样可以进一步加深儿童对于文章的理解,或者家长进一步拓展故事的内容来和儿童进行讨论。

(2)阅读速度

低年级儿童由于词汇量的限制,在阅读时往往以字为单位,一个字一个字地读,并且停顿的次数非常多,阅读速度比较慢。随着词汇量的丰富以及对于词汇熟悉程度的提高,儿童逐渐从以字为单位发展成以词组和句子为单位。这样,停顿的次数逐渐减少,阅读速度也就逐渐加快。加大儿童的阅读量是提高儿童阅读速度的有效方法。

(3)理解能力

对于低年级的儿童来说,由于他们的思维水平的限制,在阅读文章时只能依靠词语所代表的具体事物的表象帮助理解,有时他们也会通过想象来体会和理解词语所表达的意境。因此,他们只了解话语表面的意思。随着思维水平的发展以及教学的深入,他们会逐步加深对词语的本质意义的理解,从而能更准确地把握整个文章的意义。

3. 写作

书面言语能力得到发展的高级阶段便是写作。概括来说,儿童写作能力的发展大致经过以下三个阶段。

(1)口述准备阶段

口述准备阶段的任务是培养书面言语的口头表达能力,一般是从口头造句和看图说话开始练习的。其目的是使儿童的话语连贯而有系统,这样可以为写作能力的发展奠定坚实的基础。

(2)口头与书面的过渡阶段

由口头言语向书面言语的过渡可以从以下两个方面进行。在过渡的阶段,既可以采取两种方式同时进行的模式,也可以采取先从口述过渡,再到模仿过渡的模式。

第一,将口述的内容直接写成书面的东西,也就是让儿童将看图说话的内容用文字写下来,这种过渡方式对于儿童来说是比较简单的。

第二,从阅读的书面言语中过渡,即让儿童阅读一段材料,然后模仿阅读过的材料写成文字,这种过渡方式对于儿童来说相对较难。

(3)独立写作阶段

写作阶段是书面言语的最高阶段,对于儿童来说也是最困难的阶段。这一阶段不仅要求儿童有较强的思维能力,还需要有一定的语法和修辞方法等语文写作功底。小学生的写作是从记叙文开始入手的,写作能力随着年龄的增长而逐步发展。一般来说,小学三年级开始开设作文课,刚开始要求学生写作的篇幅为二百多字,以后逐年增多;写作对象从开始以亲人、朋友为主逐渐过渡到以社会人物为主;写作内容从开始对生活、学习的具体方面逐渐过渡到对人的品德和性格的描写和评述。

(三)儿童内部言语的发展

在教学与生活实践过程中,内部言语逐渐发展起来。初入学的小学生,不论在读语文课时或在演算时,往往是"唱读"或边自言自语边演算,而且出声言语内容、演算内容、书写内容或眼看字、词、句的内容基本同步。通过老师的培养与训练,低年级学生开始学会在运算中短时间的无声言语。三四年级以后,随着学习能力的发展,学生在演算时或在阅读课文时无声言语逐步开始占主导地位,但是在阅读或演算遇到困难时,仍会用有声言语来"帮忙",即使在高年级也是如此。内部言语的发展不是在小学时期就全部完善了的,在以后各个发展时期,以致人的终生,都在不断发展和完善着。

总之，小学生言语发展的全过程，不论是口头言语、书面言语的发展，还是内部言语的发展，都普遍存在着年龄（年级）差异、个别差异和城乡差异，性别差异则不明显。口头言语、书面言语、内部言语是言语发展的各个侧面，虽然不是同步发展的，但是不能将它们相互割裂开来。

五、儿童注意的发展

(一)儿童注意发展的一般特点

注意是认识过程的一种属性，这种属性是指人在认识事物过程中意识的指向和集中。儿童的有意注意有较大的发展，无意注意仍在起作用。儿童对抽象材料的注意正在逐步发展，但更多的还是注意具体直观的事物。小学低年级儿童的注意，经常带有情绪色彩，任何新异刺激都会引起他们的兴奋，分散他们的注意，但到了中高年级，儿童的情绪就比较稳定，注意的情绪特点也没有低年级那样显著了。

(二)儿童注意品质的发展

注意本身可以表现为各种不同的品质，如注意稳定性的发展、注意范围的发展、注意的分配和转移等，这些品质之间是相互联系的。

1. 注意稳定性的发展

注意的稳定性是指集中并持久注意在所做的工作或事物上。低年级儿童在一些具体的、可操作性的工作上注意容易集中和稳定，而对于一些抽象的公式、定义等，注意就容易分散。随着年龄的增长，学生对一些抽象的词和能够引起智力思考的作业，比年幼儿童的注意容易集中，容易稳定。

2. 注意范围的发展

儿童由于经验不多，注意范围一般比成人小，注意范围大小和年龄有一定关系。注意范围大小也与思维的发展相联系，儿童思维富于具体性，在一些复杂事物面前不能找出相互之间的联系和关系，只能找出一些个别的特点，因此他们的注意范围比较狭窄。

3. 注意的分配

注意的分配，必须将其中的一件活动达到自动化程度才能进行。儿童由于对要注意的事物不熟悉，所以不善于分配自己的注意，他们不能一边听老师讲课一边记笔记。要到小学高年级甚至初中，学生才能慢慢学会注意的分配，注意的分配可以通过练习来获得。

4. 注意的转移

注意转移因人而异。有些儿童注意转移比较容易，有些则比较困难。随着年龄增长，儿童注意的转移也逐渐发展起来。

(三)儿童注意能力的培养

可以通过以下两种方式来培养儿童的注意能力。

1. 增强自控能力

儿童必须具备一定的自我控制能力才能维持长时间的注意力，家长可以从帮助孩子控制外部行为做起，让孩子在一段时间内专心做好一件事情。对于自控能力差的儿童，也可以通过练琴或书法这样的专门训练来培养他们的自控能力。

2. 创造良好的环境

自控能力的发展有利于儿童在他们不感兴趣却又必须做的事情上保持注意力集中。这就需要家长或教师有意识地对儿童提出一些活动的目的和要求,并促使他们坚持完成。在活动过程中,家长或教师应当及时提醒注意力分散的儿童,使其注意力尽量保持稳定。因为儿童注意的稳定性较差,因此,家长和教师要为儿童创造良好的学习和生活环境,尽量避免其他刺激物对儿童注意力的影响。例如,儿童在看书或者做作业时,大人应该尽量排除一切可能分散儿童注意力的因素,为儿童注意稳定性的发展创造良好的环境。

六、儿童记忆的发展

(一)儿童记忆的特点

概括来说,儿童期的记忆主要有以下几个特点。

1. 意义记忆占主导地位

意义记忆是一种理解识记,当儿童对所要识记的材料有了理解并有了进行意义加工的能力,他们就能更好地进行意义记忆。小学儿童随着知识的增多和理解能力的增加,在学习中越来越多地进行意义记忆。

2. 有意识记成为记忆的主要方式

在小学阶段,有意识记开始超过无意识记,占据优势。有意识记的出现标志着儿童记忆发展上的一个质变,有意识记超过无意识记是记忆发展中的一个突出的变化。

3. 抽象记忆的发展迅速

在小学阶段,由于儿童的知识不断增多,理解能力也不断增强,所以儿童的抽象记忆能力得到了较大的发展,发展速度超过了形象记忆,占据优势地位。当然,形象记忆与抽象记忆是相辅相成的,在小学阶段这两种记忆都具有重要的作用。

(二)儿童期元记忆的发展

元记忆是关于记忆过程的知识或认知活动,即什么因素影响人的记忆过程与记忆效果,这些因素是如何影响人的记忆的以及各因素之间又是怎样相互作用的。美国学者弗拉维尔(J. H. Flavell)把记忆的元认知知识分为以下三个方面。

1. 有关自我的知识

有关记忆的自我知识是指主体对自我记忆的认知与了解。这种知识随年龄而变化。研究结果表明,儿童关于记忆的自我知识是随年龄增长而发展的。

2. 有关记忆任务的知识

有关记忆任务的知识是指个体对记忆材料的难度和不同记忆反应(如再认、回忆)难度差异的认识。研究结果表明,幼儿已经认识到记忆材料的熟悉性和数量是影响记忆的因素。但他们的认识具有明显的直观性,9岁以后的儿童能够进一步认识到记忆材料之间的关系、材料与时间之间的关系都会影响记忆的效果。关于再认和回忆两种记忆反应的难易程度的认识也随年龄的增长而提高。有一半以上幼儿认为再认和回忆难易程度一样,小学一年级儿童就有一半以上认识到再认比回忆容易,而且能证明其答案的合理性。

3. 关于记忆策略的知识

小学儿童逐渐掌握了一些改善记忆的方法。有研究表明,二年级儿童已经认识到复述和分类都是记忆的有效策略,五六年级儿童已经能够经常主动地运用分类策略进行记忆。

(三)儿童记忆策略的发展

复述策略和组织策略是儿童记忆经常使用的两种策略。儿童使用记忆策略的能力是随年龄增长而不断发展的。儿童记忆策略之间的发展是不平衡的,可能很大程度上是依赖儿童自身的知识经验。

1. 复述策略的发展

复述是记忆材料的一种简单而有效的方法,也是不断重复记忆材料直至记住的过程。儿童采用复述策略的能力是逐渐发展的。研究发现,7岁左右是儿童由不进行复述向自发地进行复述的过渡期。能进行复述的儿童的记忆效果要好于不进行复述的记忆效果。儿童使用复述策略的灵活性随着年龄的增长而不断发展。在整个小学时期,这种灵活性水平还很低。

2. 组织策略的发展

组织策略是指识记者在识记过程中,根据记忆材料不同的意义,将其组成各种类别,编入各种主题或改组成其他形式,并根据记忆材料间的联系进行记忆的过程。儿童进入小学后,组织策略才开始明显发展起来。儿童在提取有关信息时可采用组织归类策略。

七、儿童思维的发展

(一)儿童思维发展的一般特点

儿童思维的发展具有以下几个特点。

1. 从具体形象思维向抽象逻辑思维发展

进入小学后,儿童的具体形象思维和抽象逻辑思维都得到了发展,但抽象逻辑思维的发展速度要更快一些,儿童的思维实现了从以具体形象思维为主导的思维方式向以抽象逻辑思维为主导的思维方式的跨越。对于低年级的儿童来说,由于其知识经验大部分是具体、形象和可以感知的,他们的思维很大程度上要依靠事物的具体形象;到了中高年级,由于知识经验的不断扩充,抽象逻辑思维不断发展,其主要的思维方式也逐步从具体形象思维向抽象逻辑思维发展。

2. 思维发展存在不平衡性

这种不平衡性体现在儿童的思维从具体形象思维向抽象逻辑思维发展的整个过程中。虽然儿童的抽象逻辑思维发展迅速,但是,对于不同的思维内容,或者说不同的学科知识,儿童从具体形象思维向抽象逻辑思维发展的速度和水平是不同的。

3. 思维的发展存在"关键期"

小学儿童的思维从具体形象思维向抽象逻辑思维发展的过程中,存在一个由量变到质变的"关键期"。一般认为,这个关键期是在小学四年级(约 10～11 岁),也有的学者认为是在高年级,甚至有人认为如果有特别合适的教育条件的话,这个关键期也可以提前到三年级。实际上,小学儿童思维发展存在着很大的潜力,这个"关键期"是在何时出现主要取决于教育的结果,因此,这个"关键期"是有一定伸缩性的年龄范围。

(二)儿童思维基本过程的发展

1. 概括能力的发展

由于知识经验不够丰富,儿童在对事物进行概括时,不能充分地利用包括在某一概念中的所有的特性。在整个小学阶段,儿童概括能力的发展大致经历三个阶段。

(1)直观形象水平阶段

6～7 岁的低年级的儿童主要处于这一阶段。他们只能对事物的直观的、形象的或外部典型的特征或属性进行初步的概括。

(2)形象抽象水平阶段

8～9 岁的中年级儿童主要处于这一阶段。这一阶段是从形象水平向抽象水平过渡的阶段,在他们所能概括的事物中,本质的、抽象的特征或属性的成分逐渐增多,而直观的、形象的特征或属性的成分逐渐减少。

(3)初步本质抽象水平阶段

10~11岁的高年级儿童主要处于这一阶段。这一阶段儿童的概括能力是以对事物的本质抽象的概括为主。这是由于脑机能的发展以及知识经验的积累已经达到一定的程度,他们已经能够抓住事物的本质特征以及事物之间的内部联系来进行抽象概括。但是这种概括也只是一种初步的科学概括,也就是说只能对在他们生活中经常接触的事物进行概括。

2. 比较能力的发展

儿童比较能力的发展是随着年龄和年级的增长而不断提高的。一般遵循以下规律。

第一,从正确区分具体事物的异同逐渐发展到能够区分抽象事物的异同。

第二,从区分事物个别部分的异同逐渐发展到区分事物许多部分的关系的异同。

第三,从直接感知条件下进行比较逐渐发展到运用语言在头脑中引起的表象的条件下进行比较。

3. 分类能力的发展

儿童的分类能力是随着年龄的增长逐步提高的,如果一个儿童已经具备一定的分类能力,这就说明了这个儿童的比较和概括能力得到了提高,因为分类往往是以比较和概括为基础的。儿童只有对要分类的材料进行比较,概括出不同材料的异同之处,才能进行有效的分类。

低年级儿童在进行分类时,往往以事物的外部特征作为标准。

中年级是字词概念分类能力发展的一个转折点。

到了高年级,儿童逐渐能根据事物的本质特征进行分类。

从重组分类能力来看,研究表明,一至三年级的儿童,对分类材料只能做一次分类;四年级的儿童,已经能够表现出一定的对材料进行二次重组分类的能力;从五年级起,儿童的重组分类能力有较明显的发展。

(三)儿童思维形式的发展

1. 概念的发展

儿童概念的发展是与他们概括能力的发展相协调的。概念的发展主要表现在三个方面。

(1)概念逐步丰富

国外对于儿童概念发展的比较著名的理论表明,儿童概念发展随着年龄的增长而逐渐丰富(表3-1)。

表3-1 心理学家关于儿童期概念发展的描述[①]

心理学家	童年早期概念描述	童年晚期概念描述
皮亚杰	具体的	抽象的
布鲁纳	感知的	概括的
魏纳和卡普兰	泛化的	分化的
维果斯基	主题的	分类的
英海尔德	综合的	具体的

(2)概念逐步深化

我国学者丁祖荫(1984)把儿童掌握语词概念的特点分为以下八种形式。

第一,不能理解。

第二,原词造句。

第三,具体实例。

第四,直观特征。

第五,重要属性。

第六,实际功用。

① 刘爱书,庞爱莲. 发展心理学[M]. 北京:清华大学出版社,2013.

第七,种属关系。

第八,正确定义。

研究表明,小学低年级儿童"不能理解"的概念较多,他们较多地运用"具体实例"和"直观特征"的形式掌握概念。中年级儿童则处于概念掌握的过渡阶段。高年级儿童"不能理解"的概念较少,他们较多地运用"重要属性""实际功用"和"种属关系"来掌握概念。

(3)概念逐步系统化

儿童在掌握概念的基础上,逐步学会在概念的关系中去掌握概念,这又使他们在学习概念的速度和质量上都有很大的提高。

2. 推理能力的发展

推理能力的发展是儿童抽象逻辑思维发展的重要标志。推理是从一个前提或多个前提,推出另一个新的结论的思维过程。推理可以分为直接推理和间接推理。小学低年级的儿童主要能够掌握直接推理。随着年龄的增长,儿童的间接推理能力不断发展。间接推理是由几个前提推出一个结论的推理,其主要形式有演绎推理、归纳推理和类比推理。演绎推理是从一般规律演绎出个别事实;归纳推理是从个别事实归纳出一般规律;类比推理是指根据两个对象的一定关系,从而推出其他两个事物也具有相类似的关系,或者推出相类似的其他事物,它是归纳过程与演绎过程的综合。儿童类比推理能力随年龄的增长而逐步提高,并且在低、中、高年级均有显著差异,这说明类比推理能力的发展在年龄上有明显的阶段性,并且中年级儿童的类比推理以具体形象性质为主,而高年级儿童类比推理的抽象性质则有明显的增加。

3. 判断能力的发展

判断能力可以分为直接判断和间接判断两类。

(1)直接判断

直接判断以感知形式为主,直接判断比较简单,不需要复杂的思维活动。

(2)间接判断

间接判断以抽象形式为主,需要使用概念进行推理,因此,判断能力是和推理能力紧密联系在一起的。

儿童判断的发展遵循着从简单到复杂,从反映事物的外部联系到反映事物的内部联系,从反映事物的单一方面的联系到反映事物的多方面联系的规律。

第二节　儿童期的心理社会性发展研究

一、儿童情绪的发展

(一)情绪的稳定性增强

在小学阶段,儿童的情绪特别容易受到具体事物、具体情景的支配。在与同伴交往的过程中,低年级儿童常常会因为一些小事情而造成友谊的破裂,但这种破裂的友谊又会很快恢复。这反映出小学生的情绪,特别是低年级儿童的情绪稳定性比较差。但随着知识经验的丰富,自我意识水平的提高,到了中、高年级以后,同伴之间往往不会因为一些小的事情而导致友谊破裂,这说明儿童情绪的稳定性逐渐增强。

(二)情绪的可控性增强

小学生喜、怒、哀、乐的情绪表现非常明显,他们不太善于控制自己的情绪。但是到了中、高年级后,儿童控制与调节自己情绪的能力逐渐发展起来,例如,他们一般能够暂时放弃自己的一些近时利益去维护团体的大利益。

(三)情绪体验内容扩大

随着年级的升高和年龄的增长,小学生情绪体验的内容不断扩大、加深,这主要表现在以下几方面。

第一,学习活动打开了他们的眼界,比如一些课文中的优秀人物会使他们产生敬佩、喜欢等情感。

第二,小学生在与同伴的互动和群体活动过程中,产生了群体的荣誉感和友谊感。

第三,随着社会生活经验的积累,小学生情感的分化也日益精细和深刻。

二、儿童情感的发展

(一)儿童情感发展的特点

在小学阶段,儿童情感有以下几个基本特点。

1. 情感多变而不稳定

小学儿童很容易动情,他们听了英雄人物事迹会非常感动,然而这些情感又具有情境性特点,时过境迁,他们的原有情感会很快消失,马上又变成了另一个样子,从一个极端走向另一个极端。尤其是低年级小学生刚才还在哭,不大一会儿就可能破涕为笑了。所以说,在小学阶段的儿童的情感具有多变而不稳定的特征。

2. 情感的动力特征明显

小学生经常是凭情感决定他们活动的积极性。例如,被一些小事惹恼了,会逃学,什么也不干。到了中高年级,儿童的智力水平发展了,他们能运用初步的形式逻辑而不局限于特定的具体内容,因而就能理解眼前看不见的种种关系了,这时候一些较高级的情感开始产生,但仍然常常为小事而影响自己活动的积极性。

3. 友谊感逐渐发展

友谊感是高级情感的一种,也是一种重要的社会情感。进入小学后,儿童社会交往范围扩大了,朋友变得越来越重要。他们的最重要情感需要就是发展良好的同伴关系,建立友谊。研究表明,这一时期影响儿童友谊的重要因素是社会的比较和同伴的声誉。社会比较是指描述、评估同伴。低年级儿童进行社会比较时,重视的是具体的行为特征,如生理上的特征:高大、有力等。中高年级儿童则强调抽象的行为特征,如同伴的喜好、思想和感情等。儿童的社会比较影响了他们与同伴交往的方式。儿童常常通过讨论社会比较的标准而赢得彼此的信任。当他们通过"闲聊"获得共同的观点时,他们彼此成为好朋友。同成人一样,声誉可以在社交团体中起促进或阻碍的作用,影响到儿童在团体中被接纳的程度。随着年龄增长,他们保持友谊的时间延长,关系较稳固。他们开始控制自己冲动的情感并学会怎样对同伴的情感作出恰当的反应。

(二)儿童情感发展的趋势

1. 情感的稳定性不断增强

小学儿童的情感不稳定,容易发生变化,但随着年龄的增长,情感上的稳定性也在逐步增强。儿童进入小学后,经过教育和集体生活的锻炼,需要不断调节自己的情感,在一定程度上能抑制自己的一些愿望去完成教师交给的任务或遵守校规。

2. 情感的深刻性不断增加

小学生的情感体验逐渐与一定的人生观、世界观、行为规范的道德标准等联系起来。例如对儿童恐惧的研究发现,小学生虽然也像幼儿那样害怕黑暗、怪物等,但更多的是对学校的恐惧,如怕学业不佳、考试成绩不好等,小学低年级学生的情感仍然比较肤浅。但他们的认识能力在提高,随着年龄增长到高年级时,就能对一些事情形成个人的看法,对事物原因的认识深刻程度高于低年级,由此而形成的情感体验也比较深刻。

3. 情感的内容不断丰富

儿童入学后,活动范围扩大了,知识面也广泛了,他们产生了多种体验。班集体生活使学生形成集体主义情感和同窗友谊感。由低年级到高年级,小学生会逐步形成集体行动的准则,形成一定的校风、班风。所以,从小学低年级到高年级,孩子们的情感逐渐起着变化,内容不断丰富。

三、儿童自我意识的发展

(一)儿童自我评价的发展

儿童自我评价的发展主要表现在以下几方面。

1. 自我评价的范围逐步扩展

小学低年级儿童对自己的评价往往是一些简单的外在特征或外显行为的评价。随着年龄的增长,儿童对自己的评价逐渐向着内在特征或内心世界发展,并且向着自身多方面的特征发展。所以说,儿童自我评价的范围在不断扩展。

2. 自我评价的独立性逐步提高

年龄越小的儿童,其自我评价越是依赖于他人对自己的评价,随着年龄的增长,儿童对自身的认识逐步加深,他们会逐渐减少自己对他人评价的依赖性,从而越来越能独立地进行自我评价。

3. 自我评价的稳定性逐步增强

由于小学低年级儿童的观察和思维能力比较低，所以他们在进行自我评价时，往往会出现前后两次评价不一致的现象；随着年龄的增长，儿童自我评价的前后一致性在逐步提高。这说明儿童自我评价的稳定性随着自我评价能力的提高而逐步增强。

(二)儿童自我体验的发展

自我体验是一个人对于自身内心情绪状态的觉察。儿童自我体验的一个重要表现是儿童的自尊心。由于儿童有了一定的自尊心，因此，他们比较在意外界对自己的评价，从而能够约束自己的行为。儿童的自我体验与自我评价有较高的相关性，因此，自我体验的发展趋势与自我评价的发展大体一致。随着儿童对自身理性认识的提高，其情绪体验也在逐步加深。

(三)小学儿童自我控制的发展

由于外界约束力的增强，儿童在进入小学后，自我控制能力在家庭和学校的双重要求下进一步发展。这种发展体现在生活的方方面面，例如，在整个小学阶段，他们逐渐学会按照家长和学校的要求来约束和调节自己的行为，能够发现自己的一些缺点并努力去改正；到了中、高年级阶段，他们还能够有效地控制自己去完成自己不感兴趣的任务。

四、儿童品德的发展

小学儿童在这一时期的品德发展主要包括以下几方面。

(一)儿童的道德言行从比较协调到逐步分化

在整个小学时期，儿童在品德发展上，认识与行为、言与行基本上是协调的、相称的。年龄越小，言行越一致，随着年龄增长逐步出现言行一致和不一致的分化。在小学低年级,儿童的道德认识、言论往往直接反映教师的教育内容,他们的行动也制约于这些内容,于是在表面上看来,他们的言行是一致的,而这种一致性的水平是比较低的。年龄较大儿童的行为比较复杂。在品德定向系统中,有了一定的原则性,在品德操作系统中,产生了一定的策略和自我设想,于是儿童日益学会掩蔽自己的行为,在品德反馈系统中,出现对他人评价的一定的分析,儿童的行为与成人的指令产生一定的差异性。这样,言行一致与不一致的分化也必然会越来越大。当然,一般来说,小学儿童言行的分化只是初步的,即使高年级儿童,还是以协调性占优势。他们所存在的言行脱节不是来自内部的道德动机,而是限于品德的组织形式及发展水平。

(二)儿童逐步形成自觉地运用道德认识来评价和调节行为的能力

儿童从小学开始逐步形成系统的道德认识及相应的道德行为习惯,但这种系统的道德认识带有很大的依附性,还缺乏原则性。研究发现,小学儿童道德认识表现出从具体形象性向抽象逻辑性发展的趋势。在道德认识的理解上,小学儿童从比较肤浅的、表面的理解逐步过渡到比较精确的、本质的理解,但概括性较差,具体性较大。

(三)儿童自觉纪律的形成和发展

自觉纪律,就是一种出自内心要求的纪律,是在儿童对于纪律认识和自觉要求的基础上而形成的,自觉纪律的形成过程是一个纪律行为从外部的教育要求转为儿童内心需要的过程。自觉纪律的形成和发展是小学儿童的道德知识系统化及相应的行为习惯形成的表现形式,也是小学儿童出现协调的外部和内部动机的标志。

五、儿童期学习的发展

进入小学后，儿童的主导活动由游戏转变为学习，学习活动逐步取代游戏活动成为儿童主要的活动形式，并对儿童的心理产生重大的影响。

(一)儿童期学习的特点

儿童在学校里所进行的学习是一种有目的、有计划、有系统地掌握知识、技能和行为规范的活动，具有下列特点。

1. 儿童期的学习需要教师的指导

由于儿童的认知能力有限，小学生的学习必须要靠教师的指导来完成。教与学是主客体相互作用的过程，在教的过程中，教师是主体，在教学过程中起主导作用，在学的过程中，学生是主体，在学习过程中发挥能动作用。在教学过程中，教师的指导与学生自身的学习动机、学习能力和学习策略都起到了至关重要的作用。

2. 儿童期的学习以间接经验为主

入学之后，儿童对于间接经验的学习开始占据主导地位。学生学习的内容变为前人直接总结好的经验、理论和结论。间接经验的学习必须在教师的系统指导下才能顺利进行。儿童的学习必须在有限的时间内完成，并达到社会的要求，因此，学校里的学习是有计划、有目的、有组织的。

3. 儿童期的学习有一定的被动性和强制性

儿童的学习是被动的、强制的，其原因包括两方面。
第一，因为学生的学习内容是国家统一课程标准规定的。
第二，因为学生的学习不是为了适应眼前的环境，而是为了适应将来的环境。

4. 儿童的学习过程是智力、品德、知识和技能的发展过程

儿童通过学习活动,最终要达到的目的就是在智力、品德、知识和技能等各个方面的全面发展,从而为未来更高层次的学习深造打下良好基础。因此,对于儿童的教育,应重视德、智、体、美、劳的全面均衡发展,把提升儿童的综合素质作为出发点和落脚点。

5. 儿童的学习动机是学习的动力

儿童的学习必须要有一定的学习动机作为推动力。儿童的学习动机包括多个方面,其中起主要推动作用的是主导学习动机,主导学习动机在儿童的成长过程中是不断变化的。在学习动机中,学习兴趣也是一个活跃的因素,在整个童年期,学习兴趣也是在不断变化的。

6. 儿童在学习中要运用一定的学习策略

如果把学习动机看作是"爱学"的基础的话,那么,学习策略则是"会学"的基础。学习策略使儿童逐步实现由"爱学"到"会学"的飞跃。掌握一定的学习策略是学会知识和技能的必备条件,学习策略直接影响学习效果。

(二)儿童期学习动机的发展

儿童学习动机发展的共同趋势是由近景性动机向远景性动机、由实用性动机向社会性动机过渡,具有如下趋势。

第一,从比较短近的、狭隘的学习动机逐步向比较远大的、自觉的学习动机发展。

第二,从具体的学习动机逐步向比较抽象的学习动机发展。

第三,从不稳定的学习动机逐步向比较稳定的学习动机发展。

学习动机有激发功能和指向功能。激发功能可以激起并维持学习行为，指向功能使学习行为指向学习目标。

儿童的学习动机是一个比较复杂的多层次的系统。在这个系统中，各种动机相互影响，但总是有一种动机起着主导作用，决定或支配儿童在一定时期内的学习行为，从而影响着儿童的学习态度和学习成绩。这种在儿童学习行为中起主导作用的学习动机就是主导学习动机。主导学习动机是随着儿童年龄的增长以及受教育程度的提高而逐渐发展变化的。林崇德等（1983）曾调查了中小学生的学习动机，并把主导学习动机分为以下四种。

第一种，为了得到好分数，得到家长、教师的表扬和鼓励，或者不想落后于其他同学。

第二种，为了完成学校或教师交给自己的任务，或为学校群体争光的学习动机。

第三种，为了个人的理想和前途，甚至为了自己未来的出路和幸福的学习动机。

第四种，为了国家和社会的发展，以及为了人类的幸福的学习动机。

在整个小学阶段，主导学习动机是第一种和第二种，低年级学生以第一种学习动机居多。因此，儿童由于认知能力和社会阅历的限制，学习动机往往与学习活动本身以及学习结果直接相连。

根据上述研究，教师在对小学低年级儿童进行教学时，要充分利用直接与学习活动本身相联系的学习动机来引导学生学习，同时还需要逐步地引导儿童发展出长远的、有社会意义的学习动机。在儿童学习动机的培养中，家长的作用同样不可忽视，家长要与教师密切配合，逐步培养儿童良好的学习动机。

(三)儿童期学习兴趣的发展

促使儿童积极地进行学习的重要手段之一就是有效地激发他们的学习兴趣。在儿童的各种学习动机中，学习兴趣是最活跃的成分。学习兴趣可以分为直接兴趣和间接兴趣。直接兴趣是由客观事物或学习活动本身所引起的,间接兴趣是对活动结果的兴趣。只有让儿童感到学习活动是很有趣的行为,他们才不会感到学习是一种沉重的负担。这样,儿童才能积极主动地投入到学习活动中去,充分发挥自身的学习能力,从而进行有效的学习。

儿童的学习兴趣是不断发展的,主要表现出如下特点。

1. 学习兴趣向着学科分化的方向发展

在小学低年级时,儿童对每门课程的学习兴趣是大体一致的。但随着年龄的增长,儿童逐渐形成了自己对某些学科的独特的学习兴趣,而对另一些学科的学习兴趣下降,从而产生了学习兴趣的学科分化。产生这种情况的原因主要包括以下几方面。

第一,由于教师教学水平的影响。

第二,由于儿童在不同学科所取得的成绩不同。

第三,由于学生觉得该学科是否有用和需要动脑。

2. 学习兴趣向着内容深化的方向发展

随着年级的提高和学习的深入,学习内容更加复杂,儿童才逐渐对学习内容以及需要独立思考的作业感兴趣。这一阶段也是儿童在学习活动中独立性和创造性逐渐发展的时候。根据这个规律,对于不同年级的学生,教师可以采取不同的教学策略来激发学生的学习兴趣。对于低年级的学生,教师可以不断变化学习形式和学习过程来激发儿童的学习兴趣;对于小学三年级以上的学生,教师应该特别重视向学生解释学习内容,并且恰当地评价他们的学习结果,鼓励他们在学习活动中发挥独立性和创造性,以此来激发和保持他们的学习兴趣。

3. 学习兴趣向着抽象化的方向发展

小学低年级甚至一些中年级的儿童最感兴趣的是具体的事实和实际活动,而对一些抽象的有关事物逻辑关系的规律性知识一般不感兴趣。从中年级起,特别是到了高年级,儿童对抽象的逻辑关系以及一些规律性的知识逐步产生了兴趣。这与儿童的思维方式正在由形象思维向抽象思维过渡有关。

4. 学习兴趣向着丰富化的方向发展

小学生的学习兴趣随着思维能力、运动技能和审美能力的提高而日益丰富起来。由于儿童学习兴趣的丰富化和广泛化,学校应重视开设符合儿童兴趣的个性化的选修课程,以满足儿童学习兴趣多样化的需求。一般来说,小学三年级是开发学习兴趣的最佳时机,小学六年级学生的学习兴趣最高,但到了中学阶段,随着年级的提高,学生的学习兴趣反而下降。充分了解儿童的学习兴趣及其发展变化规律,在不同的阶段给予儿童适当的引导,使儿童始终保持良好的学习兴趣,对未来发展出爱好科学和探索真理的观念都是非常重要的。

5. 学习兴趣向着去游戏化的方向发展

随着年龄的增长和教育的影响,儿童对游戏的兴趣逐渐减弱,游戏在教学中的作用也逐渐降低。到了中年级,儿童对学习这种专门的活动更感兴趣,他们更渴望通过一般模式的课堂教学来获取知识和技能。此时如果在教学中过多地运用游戏的形式反而会引起儿童厌烦,严重影响教学效果。学习兴趣向着去游戏化的方向发展反映了儿童从学前期的学习方式向学龄期的学习方式转化的特点。

(四)儿童期学习态度的发展

学习态度是指儿童对学习做出的评价和学习行为倾向。儿童对学习的态度是不断发展和变化的。儿童的学习态度主要从以下几个方面来具体体现。

1. 儿童对作业的态度

儿童对待作业的态度是一个发展的过程。从认识上看,刚入小学的儿童没有把作业当成是学习活动的一个组成部分,有时会因为贪玩而忘记写作业。在教师和家长的教育引导下,儿童逐渐认识到作业是学习的一个重要组成部分,开始以负责任的态度对待作业。到了小学高年级后,大多数儿童都能够认真、按时、有序地完成作业,并且会为了完成作业而自觉地停止无关的活动。

2. 儿童对教师的态度

小学低年级的儿童对自己的教师怀有一种特殊的尊敬和依恋的心情,他们无条件地信任和服从教师,从不怀疑教师的话。在这个时候,儿童一般还不理解学习的社会意义,因此教师对待儿童的态度会影响到儿童对待学习的态度。到了中、高年级,儿童对待教师的态度开始发生一定的变化,对教师不再是无条件地信任和崇拜,而是带有选择性地评价教师。那些授课有吸引力、和蔼、耐心、公正的教师更能赢得小学生的尊敬,也更能赢得他们的信赖。

3. 儿童对待评分的态度

进入小学后,评分开始在儿童心理上发挥作用和影响,儿童要经常接触各种评分。儿童对待评分的态度也是不断发展的。低年级的儿童已经大致能了解分数的客观意义。他们认为只有得高分才是好学生,才能得到老师和父母的表扬、奖励。到了中、高年级,儿童知道分数是对他们学习结果的客观反馈,是完成学习任务的重要指标。得到不同的分数会对学生的学习行为产生一定的影响,比如学生得到的分数比较高,那么就会提高其学习的积极性和主动性,如果得到的分数比较低,那么就可能使学生学习的积极性受到打击,因此,教师一定要认识到评分对学生的影响。

(五)儿童期学习能力的发展

1. 学习能力发展的一般特点

学习能力是指儿童在学习过程中所表现出来的技能和技巧

的总和,这些技能和技巧是在教学的影响下逐渐发展起来的。儿童在学校中能否顺利地进行学习取决于两方面的因素:一方面是儿童学习的积极性,另一方面则是儿童的学习能力。这两个因素对于儿童的学习是缺一不可的。

(1)从"学玩不分"到独立学习的发展

小学儿童的学习能力是在教学的影响下逐渐发展的。刚入小学的儿童仍然会把学习和游戏当作一个活动,学习时还保留着一些幼儿园时的特点。对于这种情况,教师必须要有足够的耐心,循序渐进地引导儿童学会把学习当作一种有目的、有系统的独立活动来对待,并且重点培养儿童学习的主动性和坚持性。教师要在教会儿童怎样观察、思考、计算和记忆等学习方法的基础上,让儿童逐步发展出独立学习的能力。

(2)智力活动发展显著

随着教学的深入,小学儿童的智力活动发展迅速,且有明显的阶段性和连续性。朱智贤(1962)指出,儿童智力活动的形成和发展过程包括五个阶段。

第一,了解当前活动的阶段,如听老师讲解或演示。

第二,运用各种实物来完成活动的阶段,如用手指来计算。

第三,有外部言语参加的、依靠表象来完成活动的阶段,如一边说一边在头脑中出现算式来进行计算。

第四,只靠内部言语参加而在头脑中完成活动的阶段,如进行心算。

第五,智力活动过程的简化阶段,如多次进行某一智力活动后,这一智力活动的各个阶段就会自动简化,从而快速完成智力活动。

2. 各种学习能力的发展

(1)语文能力的发展

语文能力的发展主要表现在听、说、读、写四个方面。听、说、读、写四种能力互为前提,共同促进儿童语文能力的发展。

①听的能力的发展

听的能力的发展包括对听话时的注意力，对语言的辨识能力，对语义的理解能力，对讲话内容的分析综合、抓住要点的能力，记忆话语的能力，对话时联想和想象力等。

②说的能力的发展

说的能力的发展包括准确运用语言、说好普通话的能力，当众说话、有中心有条理的表达能力，对问答有迅速灵活的应变能力，有联想、发现的创造力等。

③阅读能力的发展

阅读能力的发展包括准确理解词句段篇的能力，认读的能力，诵读能力，对文章的评价与鉴赏能力等。

④写作能力的发展

写作能力的发展包括选词用语的能力，认识生字的能力，布局谋篇的能力，运用标点符号的能力，加工修改的能力等。

(2) 数学能力的发展

小学 1～3 年级，儿童要认识万以内的数、小数、简单分数和常见的量，掌握必要的运算和估算技能，对简单几何体和平面图形有直观的认识，获得初步的测量、视图、作图技能。小学 4～6 年级，儿童要认识亿以内的数，了解分数、百分数和负数的意义，了解简单的方程，了解简单几何体和平面图形的基本特征，提高测量、识图和作图能力，初步认识概率问题，掌握简单的数据处理能力。

小学低年级儿童的思维以具体形象为主，所以他们学习数学概念时，需要借助感性形象材料，此时儿童对语言材料的演绎推理能力尚未形成。

小学中年级儿童的具体形象思维开始向抽象逻辑思维过渡，在这一阶段学习数学时，他们能对数学概念进行简单的归纳、演绎等，并从能解一步应用题发展到能解多步应用题，开始掌握推理规则。

小学高年级儿童对数学概念的逻辑判断能力、推理能力和运用法则的能力已有较好的发展。在几何命题运算和代数运算方面,已经明显地表现出个体的差异。

(3)第二语言的发展

儿童第二语言的获得方式大致有三种。

第一,第二语言与第一语言二者同时掌握。

第二,先掌握第一语言,然后通过自然的方式掌握第二语言。

第三,先获得第一语言,然后通过学校教学过程中的学习掌握第二语言。

研究表明,儿童2岁起就能分别掌握两种语言系统。在年幼的时候,第一语言对第二语言的学习干扰较少,随着年龄的增长,第一语言对第二语言的影响增大。

3. 学习障碍

童年期是学习能力发展的关键时期,随着儿童认知能力的迅速提高,多数儿童的学习能力都有显著提升,但由于各种原因,一些儿童会表现出学习落后,甚至是学习障碍。

(1)学习障碍

学习障碍又被称为学习能力障碍或学习技能障碍,主要表现为儿童由于某一方面或某几方面的学习能力的缺陷而产生了学习困难,导致了在这些方面的学习障碍。但这些儿童并没有显著的视力、听力、运动或智力缺陷,也没有明显的情绪困扰。虽然某种学习缺陷也可以与其他障碍,如感官损伤、智能不足或情绪困扰同时存在,或是受环境,如文化差异、教育方法问题、处境不良的影响,但它却不是因此状况或影响所直接促成的。

(2)学习障碍的特征

许多学者都认为学习障碍包括以下四个基本特征。

①集中性

学习障碍儿童的缺陷常集中在语言方面以及空间与数学方面。语言方面主要表现为阅读障碍、书写和拼写障碍、失语症;空间与数学方面主要表现为建构性动作障碍和计数障碍。

②缺陷性

学习障碍儿童有特殊的行为障碍。这种儿童在很多学科中能取得好成绩,但却不能做其他正常儿童很容易做的事。例如,有的儿童谈话能力和理解能力的水平较高,手眼协调能力也很好,但却在阅读方面有明显障碍。

③差异性

学习障碍儿童的实际行为与同龄正常儿童应该达到的行为有显著差异。例如,尽管智力水平正常,但其某一学科或几个学科的实际学习成绩却远低于同龄正常儿童。

④排除性

学习障碍是独立于这些问题以外的特殊障碍,它不是由视力、听力或一般的心理发育迟缓所引起的,也不是由于情绪问题或教育缺乏所引起的。

(六)儿童期学习策略的发展

学习策略是指在学习活动中,为达到一定的学习目标而采用的规则、方法、技巧及其调控方法的总和,它能够根据学习情境的各种变量、变量间的关系及其变化,对学习活动和学习方法的选择与使用进行调控。学习策略也是一种在学习活动中思考问题的操作过程,是认知策略在学习中的一种表现形式。由此可见,儿童的学习策略会干预学习环节,调控学习方式,直接或者间接地影响到学习效果。

1. 学习策略发展的特点

儿童学习策略的发展经历了一个从无到有、从缺陷到完善的过程。米勒(Miller)认为,儿童学习策略的发展可以分为以下四个阶段。

第一阶段,不能使用策略的阶段,这一阶段的儿童要么自发地使用策略,要么在他人要求或暗示下使用某一策略。

第二阶段,部分使用或使用策略的某一变式,即有些场合儿童会使用策略,有些场合儿童又不会。

第三阶段,完全使用策略但不受益阶段,即儿童能够在各种场合使用某一策略,但策略的使用并没有带来成绩的提高,也就是策略使用缺陷阶段。

第四阶段,使用且受益阶段,即儿童能够使用策略来提高成绩。

2. 学习策略发展的水平差异

儿童学习策略的水平差异会体现出学习能力上的差异。研究表明,小学生中的学习优秀学生和学习不良学生在认知策略、元认知策略、学习资源管理策略以及学习策略的整体水平上有显著差异。也就是说,一些儿童学习能力较差的现象很可能与他们学习策略发展水平较低有关,主要表现在两个方面。

第一,学习困难的儿童缺乏正确的学习策略,他们不能阻挡多余信息的输入,缺乏信息编码策略,不能有效地选择线索,也不能产生问题解决的策略。

第二,学习能力差的儿童由于缺少丰富的相关经验,难以获得及使用高级的、复杂的策略;而学习能力强的儿童则容易获得这些策略并从中受益。

3. 儿童掌握学习策略的意义

学习策略对学习的重要性已经被众多学者所接受,因此,对学习策略的掌握也是非常重要的。

(1)掌握学习策略是学生主体性的体现

儿童在学校学习主体性主要表现在两个方面。

第一,学生学习的主体性。从学习的过程来看,学生是学习活动的主体,学生只有主动地对知识进行认知加工,积极地接受教师的指导,才能实现学习目标。而对知识进行信息加工的过程离不开学习策略,因此,从某种意义上来说,学习策略是学习主体性的体现。

第二,学生发展的主体性。学生不仅要学会知识和技能,而且要在学习的过程中完成发展自我的艰巨任务,掌握并不断完善正确的学习策略是学生发展自我的重要体现。因此,对于小学儿童来说,无论是学习的主体性,还是发展的主体性,都与学习策略的掌握有密切的联系。

(2)掌握学习策略是学会学习的要求

教师在教学过程中,尤其对于初步接触科学知识的小学儿童来说,教会他们使用正确的学习策略要比传授知识本身更重要。儿童只有掌握了一定的学习策略才会逐步发展出自主学习的能力,在未来面对知识的海洋时,才会充满力量。学会学习不仅对于一个人的童年阶段有重要意义,对于他的毕生发展同样是非常重要的。现代社会要求每个成员具备终身学习的意识和能力,随着知识大爆炸时代的到来,个体面对的是一个快速变化的社会生活,为了适应时代的要求,就必须具备学习的能力。

(3)掌握学习策略是提高学习效率的保障

对于相同的学习材料,儿童使用不同的学习策略会产生不同的学习效率。因此,正确的学习策略对于学习效率的提高是非常显著的。特别是针对不同的学习材料,儿童要学会选择适当的学习策略来进行学习,这是儿童能否真正掌握学习策略的指标。如果掌握了正确的学习策略,学习效率大幅提高,就能使儿童从比较繁重的课业负担中解放出来,有利于儿童更多地从事其他方面的活动,使他们能够全面健康地成长。

(七)学习对于儿童心理发展的作用

学习对于儿童的心理发展具有重要的作用,这主要表现在以下几方面。

1. 学习有利于儿童自我意识的发展

在学校的学习生活中,儿童逐步发展了自我认识、自我评价,形成了一定的自我体验和自我调控能力,并且提高了自己对于他人和社会的认知能力。

需要注意的是,儿童自我意识的发展主要是通过别人对自己的评价以及自我与外界的互动来实现的。外界对儿童的评价对于其形成良好的自我意识有着至关重要的作用。因此,在与儿童的沟通中,教师和家长要尽量避免对学习能力和其他表现较差的儿童进行负面评价,应多从积极的角度来评价儿童的行为表现。

2. 学习有利于儿童抽象思维的发展

幼儿阶段的学习主要依靠人的形象思维能力来完成,例如,通过图片、实物或者头脑中的各种表象。小学阶段的儿童在学习过程中要超越这些直接经验,学习内容更为丰富的间接经验,而这些间接经验的获得更多的是依靠人的抽象思维能力的发展。在具体的学习活动中,儿童的思维活动逐渐从形象思维过渡到抽象思维。例如,在小学阶段,儿童不需要依靠事物具体的形象就要学会较为复杂的四则运算和逻辑推理。

3. 学习有利于儿童责任感和意志力的发展

小学阶段的学习必须要在教师的指导下,在一定的时间内学会相应的知识,形成相应的品质,掌握相应的技能,并且要接受相应的考核。他们对于学习过程本身以及学习结果都会产生一定的期待,并且形成一定的对自己行为的责任感和集体荣誉感。另外,小学的学习生活有很强的组织性和纪律性,他们必须按照学校的安排,按时上课、下课,完成作业和进行各种课外活动,这种特殊的学习环境有利于儿童意志力的发展。这个过程中责任感和意志力的培养对于儿童的个性发展具有重要意义。

4. 有利于儿童社会交往技能的发展

进入小学后,在新的环境中,儿童逐渐学会了适应小学生的学习生活,学会了在学习中如何与教师和同学进行交流。在学校的集体学习生活中,儿童与教师在教学过程中发展了师生关系;

与同学相互交流,相互帮助,发展了手足关系。他们在群体中学会了沟通,发展了社会交往技能,培养了互助合作的集体精神,收获了友谊和快乐。

六、儿童社会关系的发展

(一)亲子关系的发展

1. 父母的教养方式

父母对儿童的教养方式在很大程度上决定着儿童的心理状态以及未来的个性发展。概括来说,父母的教养方式主要包括以下几种。

(1)专制型的教养方式

专制型的教养方式是典型的封建家长式的作风。专制型的父母对儿童的管理和教育比较多,要求孩子对于规则要绝对服从,并且经常对孩子进行体罚,以获得孩子的服从,给予儿童的关心和照顾不足。

(2)忽视型的教养方式

忽视型的教养方式是一种对孩子不负责任的教养方式。忽视型的父母由于忙于工作、夫妻关系不和或者其他因素,很少与孩子交流,在孩子的成长过程中起到的作用太小,甚至几乎在情感上处于抛弃孩子的状态。忽视型的父母对儿童的管理和教育比较少,同时也很少关心和照顾孩子。

(3)权威型的教养方式

权威型的教养方式是合理和民主的。权威型的父母尊重孩子,对于孩子的诉求能够做出有效的回应,他们对儿童的管理和教育比较多,同时给予儿童的关心和照顾也比较多。他们对孩子的行为有明确的规定,但对这些规定又有合理的解释。

(4)纵容型的教养方式

纵容型的教养方式是一种溺爱式的教养方式。纵容型的父母对孩子的各种不合理的需求也会尽量给予满足,但却很少对孩子提出成长中的要求,也很少对孩子的不良行为施加控制。他们给予儿童的关心和照顾比较多,但对儿童的管理和教育却不足。

2. 父母对儿童的影响

在家庭生活中,父母可以通过多种途径对儿童施加影响,主要的影响途径有以下几种。

(1)榜样

父母是孩子的第一任教师。儿童是非常善于模仿的,父母的言行是儿童最早开始模仿的对象。因此,父母可以通过自身良好的行为修养在孩子面前树立榜样,让孩子通过观察来学会好的行为。

(2)教导

教导是指父母通过言语直接向儿童传授各种社会经验和行为准则。例如,要听长辈的话、过马路要看红绿灯、上课要认真听讲等。

(3)关怀

关怀可以使儿童感受到足够的爱,这对他们未来的个性发展有非常重要的作用。父母对孩子的关心和照顾使得孩子对父母形成依恋感,这种依恋感会使孩子感到安全和温暖,他们容易向父母倾诉自己的不安和烦恼,并得到父母的安慰和帮助。

(4)强化和惩罚

父母可以通过一些奖惩的方法来强化儿童的良好行为,消除儿童的不良行为。例如,当儿童取得好的成绩时,可以适当给予儿童一定的鼓励;当儿童犯错误时,可以通过一些方式惩罚孩子,目的是消除儿童的一些不良行为。需要注意的是,奖惩一定要适当。

3. 亲子关系的变化特点

(1)亲子之间的沟通内容发生变化

在儿童期,父母的关注重点通常会转移到儿童的学习成绩上来。他们会更加关注儿童在学校的表现以及知识技能的学习。因此,父母与儿童在一起的时候,他们之间谈论的话题常常是围绕着学习和校园生活展开的,学习成为这一时期亲子之间交流的重要内容。

(2)儿童的独立性逐步提高

随着年龄的增长,儿童对于父母的依赖性逐渐降低,自我的独立性逐步提高,这是儿童期亲子关系变化的最突出的特点。进入童年期后,父母应该给儿童一些自主权,对于一些身边的小事让他们自己做决定,自己做力所能及的事情,相对独立地学习和生活。只有经历这样的过程,儿童才能更好地发展出独立思考和解决问题的能力。

(二)同伴关系的发展

同伴交往是儿童形成和发展个性特点、社会行为价值观和态度的一个独特而主要的方式。

1. 儿童同伴交往中的特点

小学儿童的同伴交往有以下几个基本特点。

第一,与同伴交往的时间更多,交往形式更复杂。

第二,儿童在同伴交往中传递信息的技能增强。

第三,儿童更善于利用各种信息来决定自己对他人所采取的行动。

第四,儿童更善于协调与其他儿童的活动。

第五,儿童开始形成同伴团体。

2. 小学儿童的友谊

友谊是和亲近的同伴、同学等建立起来的特殊亲密关系,对儿童的发展有重要影响,它提供了儿童相互学习社会技能、交往、合作和自我控制的机会,提供了儿童体验情绪和进行认识活动的源泉,为以后的人际关系提供了基础。小学儿童已经很重视与同伴建立友谊。

3. 小学儿童同伴团体

小学时期,儿童开始建立属于自己的同伴团体。

(1) 同伴团体的特点

第一,在一定规则基础上进行相互交往。

第二,限制其成员的归属感。

第三,具有明确或暗含的行为标准。

第四,发展了使成员朝向完成共同目标而一起工作的组织。

(2) 小学同伴团体建立的过程

日本心理学家广田君美把小学儿童同伴团体的建立过程分为五个阶段。

第一阶段:孤立期。一年级上半学期为孤立期。在这一时期,儿童之间基本没有形成一定的团体,大家都在活动中探索与谁交朋友。

第二阶段:水平分化期。一至二年级为水平分化期。在这一时期,儿童由于空间上(如座位、家庭住址)的接近而在相互接触的过程中形成一定的联系。

第三阶段:垂直分化期。二至三年级为垂直分化期。在这一阶段,根据儿童在学校中的表现分化成居于统领地位和被统领地位两个部分。

第四阶段:部分团体形成期。三至五年级为部分团体形成期。在这一时期,儿童之间由于分化而形成了一些小团体,在小团体内出现了领导者,团体成员的团体意识逐渐加强,团体内形成了一些规范。

第五阶段:集体合并期。各个小团体联合成大团体,并出现了带领大团体的领导者。大团体内形成了统一的规范。

(3)同伴团体对儿童的影响

同伴团体对儿童的影响表现在两个方面。

第一,提供了学习与同龄伙伴交往的机会。

第二,提供了形成和评价自我概念的机会。同伴的反应和同伴的拒绝与接受使儿童对自己有了更清楚的认识。在与同伴的交往过程中,儿童的社会行为、学业成绩、社交策略以及教师接纳是影响其同伴接纳的主要因素。

(三)师生关系的发展

1. 小学师生关系的特点

人际交往通常都是双向的,师生交往也同样如此。教师的教学水平、个性等影响学生,而学生的学业成绩、活动表现、外貌等也影响教师对学生的评价。小学生的年级、性别、学业表现对师生关系均有重要的影响,女生的师生关系比男生更为积极,学业表现好的学生有更积极的师生关系。研究表明,教师的支持将使学生的学业成绩得到提高。对三至六年级小学生师生关系特点的研究发现:小学生的师生关系具有亲密性、反应性和冲突性三个方面的特点,在不同年级,师生关系在这三个方面有不同的表现,五年级学生表现出高亲密、高反应和高冲突的特点,而六年级学生则表现出低亲密、低反应、低冲突的特点。

2. 小学儿童对教师的态度

几乎每个学生在刚进小学校门时都对教师充满了崇拜和敬畏。教师的要求比家长的话更有威力。低年级儿童的这种绝对服从心理有助于他们很快学习并掌握学校生活的基本要求。然而,随着年龄增长,儿童的独立性和评价能力也随之增长起来。

从三年级开始,儿童的道德判断进入可逆阶段,他们对教师的态度开始发生变化,开始对教师做出评价,对不同的教师也表现出不同的喜好。对教师的评价影响小学儿童对教师的反应,他们对自己喜欢的教师报以积极反应,极为重视所喜欢教师的评价,而对自己所不喜欢的教师往往予以消极的反应,对其做出的评价也可能做出相反的反应。

七、儿童的校园欺侮

校园欺侮是儿童之间在学校的学习和生活中经常发生的一种特殊的攻击性行为。这种行为在小学校园当中非常普遍,对儿童的身心成长非常不利。

(一)校园欺侮的特点

1. 校园欺侮与性别的关系

校园欺侮与性别的关系主要表现在两方面。

第一,对于欺侮者来说,由于男性的攻击性较强,男生中的欺侮他人者比女生要多,并且男生更多地使用身体欺侮,女生则更多地使用言语欺侮。

第二,对于受欺侮者来说,男生受欺侮者多数只受到来自同性的欺侮,而女生受欺侮者不但受到来自同性的欺侮,还受到来自异性的欺侮。

2. 校园欺侮与年龄的关系

很多欺侮行为是由年龄和身材较大的儿童对年龄和身材较小的儿童实施的,随着年龄的增长,受欺侮的机会逐渐减少。

3. 校园欺侮与学校的关系

通常来说,管理水平高的学校校园欺侮现象比较少见,而管理水平低的学校校园欺侮现象则比较多见。

4. 校园欺侮的形式

欺侮行为主要包括身体欺侮、言语欺侮和关系欺侮三种形式。

(1)身体欺侮

身体欺侮是指对被欺侮者的身体攻击和财产勒索。

(2)言语欺侮

言语欺侮是利用语言对被欺侮者进行人格的侮辱等。

(3)关系欺侮

关系欺侮是指通过恶意造谣和社会拒斥等方式使被欺侮者在同伴关系中处于处境不利的地位。

5. 校园欺侮的严重后果

校园欺侮对于欺侮者和被欺侮者的身心发展都是不利的。

第一,对于欺侮者来说,童年期的攻击性行为如果得不到及时矫正,成年后容易因为攻击行为而走上犯罪道路。

第二,对于受欺侮者来说,短时期内会表现出恐慌、抑郁和不愿上学等后果。更严重的是,被欺侮者的自尊心将受到严重影响,这种影响将会持续终生,长期受欺侮的儿童甚至会出现自杀倾向。

(二)校园欺侮的原因分析

1. 家庭原因

家庭破裂、缺乏父母的监督和关爱是导致儿童产生欺侮行为的一个重要因素。儿童的模仿能力极强,父母的不良言行都会被他们模仿。因此,长期生活在缺乏温暖、充满虐待和暴力的家庭中的儿童要么容易成为被欺侮的对象,要么容易成为欺侮者。

2. 个人原因

那些经常欺侮别人的儿童通常具有较好的身体素质和过高的自我认同感,但对他人感受的理解能力则较差;而受欺侮者的特点通常是内向、胆小和依赖性强,他们经常被群体孤立,或者因为自身的一些缺点容易引起别人的嘲笑和反感。

3. 学校原因

校园欺侮在很多时候是比较隐蔽的。教师和学校管理人员有时会疏于监管,即便了解到相关信息,也可能会认为儿童之间的小摩擦是无伤大雅的,从而导致处罚的方法不当或力度不够。

(三)对校园欺侮应采取的措施

对于校园欺侮现象,需要全社会积极行动起来,采取多种措施,从宏观层面到微观层面建立一个系统的保障工程。例如,政府健全法规政策,学校加强监管力度并建立校园欺侮援助机构,加强教育宣传以及对教师进行反欺侮工作专项培训,这些都是反欺侮的有效措施。但更重要的是在学生层面进行有效的干预。对于欺侮者来说,他们往往是自控能力和同情心发展较差的儿童,可以告诉他们欺侮行为可能带来的严重后果,或者通过角色扮演活动、讨论会、自控能力训练以及移情能力训练来降低他们的攻击性。对于被欺侮者,要教给他们一些能够避开或者缓解欺侮情境的言语技能和自我防卫技能,鼓励他们报告欺侮事件。另外,缓解被欺侮者的心理压力也是非常重要的,对有严重焦虑、抑郁或退缩反应的受欺侮者应进行心理辅导。同时,对于性格孤僻、懦弱的学生,要鼓励他们多参与集体活动。对于家长,要鼓励他们多和孩子沟通,提高他们对欺侮事件的敏感性,并且积极参与到解决欺侮问题的行动中来。

第四章 青少年时期的心理发展研究

青少年时期是人生发展的过渡时期,过渡性是青少年心理发展的最根本特点,与其他阶段相比,青少年的发展具有三大特点:从青春期开始,各项生理技能逐渐成熟;思维能力发展迅速;向新的社会角色逐渐转变。了解青少年心理发展的特点和规律是取得教育成功的关键。

第一节 青少年时期的身体和认知发展研究

一、青少年脑和神经系统的发展

到青春期时,脑和神经系统结构和机能逐步成熟完善,为青少年抽象逻辑思维等方面的发展提供了保证。脑的重量和体积在青春期增加很少,但皮层细胞的机能却在迅速发育,这主要反映在脑电波频率的变化上。青少年的脑电波,尤其是 α 波,在 13～14 岁时出现第二次飞跃(第一次飞跃在 6 岁左右出现),这说明大脑机能逐渐发育成熟。此后一直到 20 岁左右,脑细胞的内部结构和机能不断进行复杂的分化,沟回增多、加深,神经联络纤维的数量大大增加。在新的更加复杂的外部条件影响下,大脑机能进一步完善,并在整体上趋于成熟,到 20～25 岁会达到完全成熟。

二、青少年激素和内分泌系统的发展

激素是一种由内分泌腺分泌并渗入血液或淋巴,从而影响身

体新陈代谢和生长发育的重要化学物质。内分泌系统主要通过下丘脑、脑垂体和性腺三者之间的相互作用来发挥其功能,三者不断循环调节构成了内分泌系统的反馈环。内分泌系统分泌激素并调节和控制着激素的水平。青春发育期的生理发育在很大程度上受体内激素水平变化的影响,激素水平的变化影响到青少年身体外形的变化、内部机能的增强以及第二性征的出现和性成熟。体内激素对个体的行为模式具有组织作用,通过发挥组织功能来调节个体的行为。青春期激素水平的变化也会引起青少年许多行为的变化。

三、青少年呼吸系统的发展

青春期心脏增长迅速,重量增加,脉搏次数减少,血压逐步趋于稳定。肺的呼吸功能增强,此时加强体育锻炼,能促使呼吸肌更加发达,肺活量增加,胸围增大,呼吸差增加,使呼吸系统的功能全面增强,对人体的健康发育具有积极作用。

四、青少年身高和体重的发展

进入青春期以后,生长激素、甲状腺激素和雄性激素的同时释放,会使个体的身高和体重迅速增长。身高和体重的变化是青春期个体生长突增的最明显的测量指标。

在青春期中,最引人注目的地方是个体身高和体重增长的速度。在这一时期,男女青少年虽然身高和体重的增长都很迅速,但是仍然表现出了各自的特点。

就身高来看,男孩的身高平均每年可增长 7~9 厘米,最多可达 10~12 厘米;女孩的身高平均每年可增长 5~7 厘米,最多可达 9~10 厘米。从图 4-1 和图 4-2 中可以清晰地看到男女青少年身高增长的明显变化。

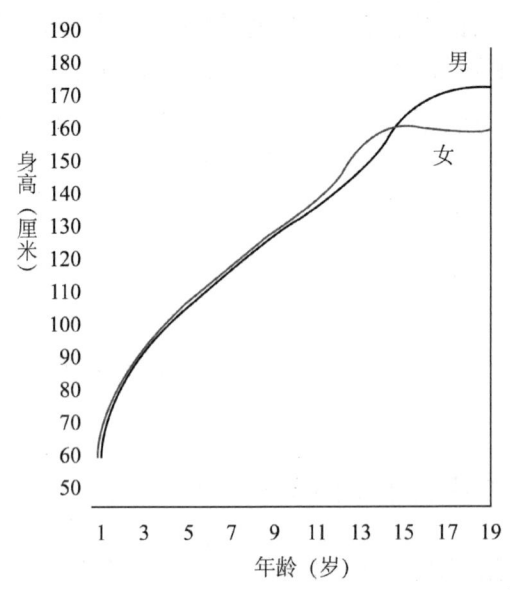

图 4-1　男女青少年在不同年龄的平均身高①

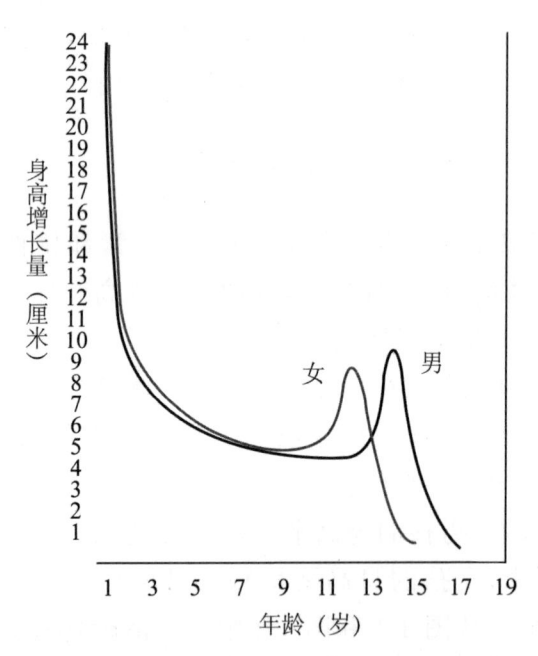

图 4-2　男女青少年每年的身高增长量②

---

① 司继伟. 青少年心理学[M]. 北京:中国轻工业出版社,2010.
② 司继伟. 青少年心理学[M]. 北京:中国轻工业出版社,2010.

我们从图中可以看到身高在生长高峰期发展速度加快,并且无论男生还是女生,当身高增长速度达到峰值时,身高增长也会进入加速期。

青春期也是个体体重迅速增长的一段时期,成人身体重量的一半大约来自于青春期的体重增长。虽然青春期体重的生长突增高峰不如身高明显,但增长的时间比身高长,变化幅度也较大,并且在性成熟后体重仍继续增长。一般来说,青春期个体肌肉和脂肪的增长导致了其体重的增加。在青少年期,虽然男性和女性的肌肉和脂肪都会有所增加,但是却表现出了重要的性别差异。就肌肉的发育情况来看,男青少年肌肉组织的生长要比女青少年快。就脂肪的增加情况来看,女性的脂肪量在青春期比男性增加更多。在青春期结束的时候,肌肉和脂肪增长的这种性别差异会表现出其最终的效果:男性的肌肉与脂肪的比例大约为 3∶1,女性肌肉与脂肪的比例大约为 5∶4。这也在某种程度上解释了为什么在青春期中会首次出现男生和女生在体格和运动能力上明显的性别差异。

五、青少年第二性征的发育与性成熟

由遗传决定的生殖器官和性腺,如男性的睾丸和阴茎,女性的卵巢和子宫,称为第一性征。那些能区分男女性别的,但对生殖能力无本质影响的身体外部形态特征称为第二性征,第二性征的出现是个体成熟更为明显的标志。

(一)男孩第二性征的发育与性成熟

男性性征发育的顺序是固定的,依次为以下几方面。
第一,睾丸和阴茎大小的增加。
第二,长出直的阴毛。
第三,嗓音的轻微变化。
第四,首次射精。
第五,出现卷曲阴毛。

第六,生长高峰开始。

第七,长出腋毛。

第八,嗓音的明显变化。

第九,面部毛发的出现。

另外,由于汗腺的发育加速,皮肤的油性增加,因此,青春期的青少年经常会出现痤疮、皮肤疹。在腋毛生长的同时,男孩子的乳房也会发生轻微的变化,这些都是正常的生理现象。

(二)女孩第二性征的发育与性成熟

相比男孩来说,女孩性发育的顺序就不那么固定了,总的来说,女孩的发育顺序为以下几方面。

第一,乳房变大。

第二,阴毛出现。

第三,腋毛出现。

第四,身高开始增长。

第五,臀部与肩相比变得越来越宽。

通常来说,乳房隆起是女孩性成熟的第一个信号。然而,并非所有女性第二性征的发育都以乳房发育为首要标志,大约三分之一的少女阴毛的出现要早于乳房的发育。女性的生长突增一般出现在乳房和阴毛发育的早期和中期阶段。女性月经初潮的时间相对晚一些,因此,将月经初潮作为女性青春期开始的标志是不正确的。

与男孩情况相同,女孩也要发生一系列与生殖能力有关的重要内部变化。这些变化涉及阴道、子宫和生殖系统等其他方面的生长与发育。

六、青少年言语的发展

青少年的言语能力会变得更加精练准确,其词汇量也在持续增长,他们的阅读材料越来越成人化。随着抽象思维的发展,青少年开始能够对一些抽象概念加以界定。他们会更加清楚地意识到词汇是具有多重含义的符号,他们也会更经常地使用"然而、另外、不管怎样、因此"等词语来表达一定的逻辑关系,并且他们很乐意使用讽刺、双关以及隐喻等表达方式。青少年的词汇会因为性别、种族、年龄、地区、邻里、学校类型而不同,也会因为团体的不同而大相径庭。青少年的词汇有变幻莫测的特点。尽管这些词汇中很多都有其通常的表达意义,但是,青少年却一直在为它们发明新的含义。

需要注意的是,青少年与同伴谈话时使用的言语,与同成年人谈话时使用的言语是不同的。青少年的俚语是其从父母及成人世界中获得独立的自我认同的过程中,一个自然的构成部分。在创造诸如此类的表述时,青少年会使用他们新发现的能力来玩一些文字游戏,以此界定他们这一代对于价值观和爱好的独特立场。青少年在社会观点选择方面也变得更加娴熟,这种能力使得他们可以根据他人的知识水平和观点,来对自己的言语进行调整。这种能力在说服过程中,以及在礼貌的谈话中都是非常关键的。

七、青少年注意的发展

注意是心理活动对一定对象的指向与集中,是进行信息加工和认知活动的条件与保证。Keel 和 Neill(1978)提出注意不仅包括对目标的指向,还包括对分心信息的抑制,即注意具有促进和抑制两种功能。概括来说,青少年期的注意发展表现出以下几个特点。

第一,从以无意注意为主向以有意注意为主过渡。

第二,抑制分心的能力有很大提高,更能将注意力集中到目标事物上。

第三,注意品质不断改善,表现为注意的稳定性增强,初中阶段的青少年的注意广度已经接近成年人水平。

第四,引起无意注意的原因由以外部为主转变为以内部为主。有意注意逐渐向有意后注意转化,即转变为自觉的、不需要付出意志努力的自动注意。

八、青少年思维的发展

(一)青少年思维发展的基本特点

1. 青少年正处于形式运算阶段,其思维从形象思维、抽象思维向辩证思维过渡

这一时期青少年的思维具有以下几个特点。

第一,在头脑中可以将事物的形式与内容进行分离,即思维可以脱离具体的事物,根据假设进行逻辑推演。

第二,他们可以同时注意事物的多个维度,思维更加全面。

第三,思维的概括能力、反省性和控制性明显增强。

2. 青少年阶段正处于抽象逻辑思维由经验型水平向理论型水平转化的阶段

这一发展过程又可以分为两个阶段。

(1)初中阶段

在初中阶段,个体的形象思维趋于成熟,抽象逻辑思维开始占优势,但是他们的思维仍离不开感性经验,因此,此阶段的抽象逻辑思维还属于经验型的。

(2)高中阶段

在高中阶段,个体能够脱离具体的经验,根据抽象的逻辑符号对事实进行思维,用理论做指导对各种材料进行分析综合。因此,高中阶段的逻辑思维属于理论型。

(二)青少年思维的具体发展

1. 青少年假设—演绎推理能力的发展

皮亚杰认为,形式运算的标志是假设—演绎推理。对于形式运算的青少年,当面对智力问题时,他们并不是直接由先前得到的事实生成假设,而是通过挖掘隐含在问题材料中的各种可能性,再运用逻辑和实验的方法对各种可能性进行检验,最后确定哪种可能性是事实。对他们来说,在这个过程中,可能性比现实性更重要。在初中一年级这一阶段,青少年已开始接受形式逻辑推理方面的训练,比如,数学课上的代数运算等知识已经高度抽象,其获取依赖于青少年假设—演绎推理能力。刚接触这些知识时,青少年会表现出一定的困难,此时就需要教师的认真讲解。

2. 青少年辩证思维的发展

辩证思维是个体抽象思维发展的高级形式,是个体通过概念、判断、推理等思维形式对客观事物辩证关系的反映,是在形式思维的基础上,将事物的个别性、差异性与普遍性统一起来,在思维中恢复事物的本来面目,反映事物的矛盾运动,达到对事物全面的、灵活的、抽象具体的认识。

从辩证思维三种形式的发展来看,概念和判断发展较早、较快,发展趋势较一致,推理发展较晚且稍慢。辩证思维逐渐占优势的关键年龄是中学阶段。中学生的辩证思维从初中一年级开始发展,且发展比较迅速,初中三年级是辩证思维发展的一个重要转折时期,到高中二年级,学生的辩证思维已趋于占优势地位。因此,学校教育不仅要重视基本概念、基本理论的掌握,而且要加强运用基本概念、基本理论解决问题能力的训练。

九、青少年记忆的发展

(一)记忆的基本能力发展

记忆的基本能力是指个体对信息的基本识记、存储和提取的能力,包括工作记忆和长时记忆等。

1. 工作记忆

工作记忆是指在执行认知任务过程中,暂时储存、加工信息的资源有限的系统。工作记忆与个体认知加工能力密切相关。

工作记忆的广度是指在同时进行加工的条件下,个体能够回忆出的最大项目数量,是反映工作记忆能力的一个重要指标。研究结果发现,不同材料工作记忆的广度存在很大的差别,数字记忆广度基本上一直保持增加的趋势,8~14岁增加速度较快,18岁至成年期增加很少,基本保持平稳。词语广度的发展趋势与数字广度基本一致,14岁时基本达到成人水平。视觉广度持续增加,在14~16岁达到高峰,之后保持稳定。而空间广度也一直保持增加,到14岁基本达到成人水平。

2. 长时记忆

青少年记忆的整体水平处于人生的最佳时期。在这一时期,对于外显记忆,青少年的有意记忆日益占主导地位,机械记忆和意义记忆所占比重发生逆转,尤其是高中阶段;从记忆内容上看,进入青少年期后个体对抽象材料的记忆能力也明显增强。此外,内隐记忆也表现出随年龄增长而有所提高的趋势。

(二)记忆策略的发展

记忆策略是指促进信息进入长时记忆的方式。记忆策略的获得可以有效地提高记忆效率,为提高思维能力、提高解决问题的能力打好基础。

1. 记忆策略的类型

记忆策略包括以下三种。

(1) 复述

复述指通过言语在大脑中重现所需的信息。这种言语可以是出声的外部言语，也可以是无声的内部言语，仅在头脑中反复重现信息。该策略有助于将信息保持在工作记忆中，或促进信息进入长时记忆。

(2) 组织

组织指将记忆的内容分组或形成有意义的类别，其功能在于使每项信息和其他信息联系在一起，从而加强记忆的效果。

(3) 精细加工

精细加工也被称为深加工策略，指对识记项目增加细节内容，或者将识记项目与有意义的内容建立尽可能多的联系。

2. 青少年使用记忆策略的特征

(1) 复述策略的应用增加

年幼儿童的记忆效率不如年龄较大的儿童，伴随策略使用的外部行为逐渐消失。有研究发现，10岁时，部分被测试者不出声，但可以观察到明显的唇部动作。16岁以后的被测试者的策略已经不能够从外显行为中观察到了，但通过访谈，他们能很好地报告所使用的策略。

(2) 运用的记忆策略出现变化

随着年龄的增长，青少年运用的记忆策略会发生一定的变化，概括来说，这些变化体现在以下两方面。

第一，高级的策略形式替代原始策略，如图形的单字命名代替多字命名。

第二，策略的高级形式与简单策略共存，如累积复述和简单复述在各个年龄都同时存在。

十、青少年元认知的发展

(一)青少年元注意的发展

早在儿童阶段,个体已经具有了一些元注意知识。比如,儿童认为,当环境嘈杂或自己心烦意乱时,很难将注意力集中。但是儿童元注意知识的缺乏是普遍的。随着年龄的增长,个体的元注意主要向以下三个方面发展。

第一,对认知情景的表面特征的注意越来越少。
第二,注意的类型越来越多。
第三,越来越注重自身努力在注意过程中的重要性。

大多数青少年认识到注意是变化的,且有些因素会影响自己的注意力,但青少年对干扰物的认识不同。高年级的青少年倾向于从心理因素去解释分心现象;而低年级的青少年则倾向于从外部因素去解释分心现象。除此之外,随着年龄的增长,意识到自己的注意不如成人好的青少年会越来越多。

(二)青少年元记忆的发展

元记忆是指认知主体关于自身的记忆能力和记忆过程的认知。

1. 元记忆知识的习得与发展

有研究表明,中学生能较好地利用类的群集来组织记忆,并已真正意识到可以采用各种组织策略来帮助记忆,他们很少使用简单复述策略,较多采用联想策略和精细加工策略。从初中到高中,学生在策略知识方面的发展是明显的,但是实验中学的15岁学生元记忆策略分数与教育程度相当的17岁重点中学高中学生的分数一致,这说明教育训练会影响元记忆策略知识的习得与发展。

2. 元记忆监控能力的发展

研究发现,青少年的记忆监控能力呈波浪式发展,12岁和15岁出现记忆监控发展的两个高峰,10~12岁个体的记忆监控没有显著增长,11~12岁与13岁之间、14岁与15岁之间有明显的差异。

(三)青少年思维监控的发展

思维的自我监控是整个思维结构的统帅和主宰。思维的自我监控有以下六大功能。

第一,确定思维的目的。

第二,管理和控制非认知因素,有效地保护积极的非认知因素,努力将消极的非认知因素转化成积极的非认知因素。

第三,搜索和选择恰当的思维材料。

第四,搜索和选择恰当的思维策略。

第五,实施并监督思维的过程。

第六,评价思维的结果,检查当前的思维结果是否与既定的目的一致。

青少年的思维监控能力发展较为迅速,其计划性、准备性、方法性和反馈性有了较好的发展。研究发现,随着年龄的增长,青少年自我监控水平不断提高。在计划性方面,初步思考时间延长,操作任务越难,初步思考时间越长,停顿次数越多;在监视性方面,悔步次数逐渐减少;在有效性方面,认知操作的总时间减少,操作中的错误数也在逐渐减少。

十一、青少年创造力的发展

(一)创造力发展的影响因素

1. 生理因素

神经系统尤其是大脑是创造力的物质基础,为创造力的发展提供了可能性。神经系统中神经元的构造和功能对创造力水平的高低具有重要影响。

2. 年龄因素

随着年龄的增长,个体的创造力也在不断发展。幼儿就有创造力的萌芽,小学阶段已有明显的创造性表现,而青少年的创造力有了更多的现实性、主动性和有意性。但创造力的发展同个体的整体发展一样是一个有限的扩展系统,不会一直随着年龄的增长而增长,发展到一定程度和一定年龄后,就开始逐渐减弱。从总体上看,25～40岁为创造力的最佳年龄。

3. 性别因素

创造力发展中也表现出明显的性别差异。古今中外富有创造力的名人中,绝大多数是男性。这既有生理方面的原因,更有社会与文化的原因。许多跨文化的研究表明,在主张男女平等的民主开放的文化环境中,儿童的创造力普遍发展较好,男女差异也较小;在男女地位悬殊的封闭式社会条件下,男女差异较大。

4. 知识因素

知识是创造的基础和前提,离开必要的知识,就根本谈不上创造。但具有知识不一定具有创造力,对待知识一定要有变通性和灵活性,僵死、混乱的知识不仅不利于创造,反而会阻碍创造力的发展。

5. 动机因素

创造性活动需要创造动机的维持和激发。从动力来源上看,动机有内部动机和外部动机之分。许多经验和心理学研究都证明,内部动机更有利于创造力的发挥和发展。当人们被完成工作本身所获得的满足感和挑战感激发而不是被外在的压力所激发时,才表现得最有创造力。

6. 环境因素

(1)家庭环境

家庭环境、父母的教养方式、家庭气氛、家庭成员的榜样等都对儿童创造力的发展起着重要作用。

(2)学校环境

学校教育对学生创造力的发展具有重要作用,教师的态度、课堂气氛、课程设置、教学模式、学校环境等无不对学生具有深刻的影响。而在所有这些因素中,最核心的因素就是教师,其他因素最终都是通过教师而起作用的。教师的个性、行为、知识结构、教学方法等都直接影响学生创造力的发展。

(3)社会文化环境

研究表明,在倡导独立、自主的民主开放型社会文化环境中,儿童创造力普遍发展较好;而在强调专制、服从的封闭式社会条件下,儿童的创造力则比较贫乏。

(二)青少年创造力发展的特点

与儿童相比,青少年的创造力表现出以下特点。

1. 创造性思维结构日趋完整

随着青少年思维能力的发展,创造性思维的结构也更加完整而协调,具体表现在以下几方面。

第一,以发散思维为主,聚合思维和发散思维协同发展。

第二,发散思维的流畅性、变通性和独特性都有明显提高。

第三,抽象逻辑思维逐渐成熟,抽象概括能力大大提高,辩证思维开始形成。

2. 更具现实性和主动性

青少年的创造力更多地带有现实性,他们的创造想象和思维多是由现实中遇到的问题或困难情景激发的,努力创造的目的也是为了解决这些现实问题。同时,青少年的创造力更具主动性和有意性,不仅能主动地提出问题,而且能主动地寻求解决问题的办法,遇到困难能坚持下去。

3. 创新意识强,创造热情高

随着经验和智力的不断增长,青少年比儿童具有更强烈的创新意识和更高的创造热情。他们热情奔放,充满对新世界、新事物的好奇,不畏艰难,勇于探索。虽然他们的创造力不如成人那样有严密的科学性和足够的科学价值,但思维更敏捷而灵活。

第二节　青少年时期的心理社会性发展研究

一、青少年情绪的发展

相对于成年人来说,青少年的情绪起伏要大,表现形式更丰富多彩。具体来说,青少年情绪具有以下几个特点。

(一)冲动性

个体进入青少年期之后,随着活动范围的扩大,自我意识随之发展,对外界事物的感受性也日益增强。这就使个体儿童期形成的认识结构往往不能同化外来的各种新知识,而处于加速变化和重建之中。伴随着这种变化,青少年容易出现情绪波动,产生较强烈的情绪反应。另外,由于青少年自我监督能力不强,加上某些生理激素的变化,导致其还不能很好地调节和控制自己的情绪,因而在情绪上也经常表现出冲动性的特点。同样的刺激情境,成年人可能不会引起明显的情绪反应,而青少年却可能激起较强烈的情绪体验。

(二)丰富性

随着青少年自我意识的不断发展,需要的种类和强度的不断增加,其情绪与情感的内容日益丰富。喜、怒、哀、乐、忧、惧,各种各样的情绪他们都可以体验到。青少年不仅具有多样化的自我情感,如自尊、自卑、自负等,而且产生了对爱情的体验,并形成了许多社会责任感、民族自豪感、使命感、理智感、美感等高级的社会性情感。青少年情绪的丰富性直接与青少年需要的发展有关。随着个体成长,社会需要逐渐产生和发展,并越来越居于主导地位,由社会性需要所产生的社会性情绪也就成为青少年的主导情绪。在日常生活中,我们可以看到,青少年的悲、欢、忧、喜则多与学习、工作、交往、恋爱等相联系。社会性情绪在青少年情绪生活中所占的比例及其发展水平,也是衡量其社会成熟程度和精神生活丰富程度的一项重要指标。这种比例越大、水平越高,则表明其社会成熟程度越高、精神生活越丰富。

(三)两极性

青少年的情绪起伏波动比较多,表现出明显的两极性,有时友善热情,有时则冷漠固执;有时兴高采烈,有时则苦恼悲观。青少年情绪发展的这一特点是由以下几个原因造成的。

第一,在生理方面,由于青春期性腺功能显现,性激素的分泌使下丘脑的兴奋性增强,使大脑皮层与皮下中枢暂时失去平衡,从而导致情绪两极性明显。

第二,青少年正处于身心各方面迅速发展的时期,其心里会出现各种矛盾。这种矛盾使他们的情绪体验往往处于不平衡状态,容易从一个极端走向另一个极端。

第三,青少年的自我认识还不完善,过分依赖他人对自己的评价。受到赞扬精神振奋,受到批评则无精打采。

第四,青少年面对的社会任务增多、需要层次发展、影响情绪的各种因素大量出现,如学习、人际交往、恋爱等,都会对青少年的心理带来冲击,而青少年由于人生阅历较浅,看待问题往往易产生偏激,导致情绪动荡。

(四)文饰化

文饰化是指情绪表里不一致,文饰化是青少年心理的闭锁性特点在情绪情感中的表现。随着年龄的增长,青少年表达情绪的方式越来越多,自我调控能力也不断提高,出现情绪的文饰化,使人捉摸不透他们内心的真实情感。例如,明明很愤怒,却装作无所谓;明明心里很难过,却装得若无其事。

出现这种现象的主要原因在于青少年社会意识的觉醒和自我意识的发展,使他们注意到自己情绪在特定的社会情境中表达的适当性。而他们衡量这种适当性的重要标准之一就是看是否有损于自己在他人心目中的良好形象和社会对他的评价。青少年既想展示自己的各种情绪情感体验,又无法把握他人和社会对自己的价值评价,于是他们就干脆封闭自己复杂的内在情绪体验,而用一般化的甚至是逆反的情绪表现来加以掩饰。

(五)心境化

心境化就是情绪反应相对持久稳定,情绪反应的时间明显延长。这种延长表现在两个方面:延续做出反应和延长反应过程。例如,有的青少年在受到批评后,并没有当场发作,却在事后为此闷闷不乐好几天。

情绪的心境化和情绪易激动、兴奋这些特点都存在于青少年身上,似乎是矛盾的,其实这正是个体的情绪由不成熟向成熟发展的表现。青少年正在摆脱儿童期的情绪反应快、转变快、缺乏心境化状态的特点,逐渐发展了对情绪的自我控制能力,使强烈的情绪反应得到一定的调节而转化为心境状态,但有时又因调节不力而爆发为激情。

二、青少年自我意识的发展

(一)少年期自我意识的发展

少年期自我意识发展的主要特点表现在以下几个方面。

1. 自我意识高涨

自我意识高涨是指自我意识的发展速度和程度超越以往任何时期。一个人从出生到成熟,自我意识有两个快速发展期,第一个快速发展期在 1～3 岁;第二个快速发展期就在少年期。伴随着生理上进入快速发育期,他们的注意力更加指向自我。自我意识高涨主要表现在以下几方面。

第一,他们从理性上认为自己已经长大了,生活可以独立自主了。

第二,他们看问题的主观性比较强,对事物和现象有自己独特的想法,敢于表达自己,敢于挑战权威,标新立异和自我表现的愿望比较强烈。

第三,少年的内心世界越来越丰富,他们内省的频率越来越高,内省能力在不断发展。他们常常会问一系列关于自我的问题。

自我意识高涨在初中生的作文和日记中也可以清晰地表现出来。初中生的作文除了描述客观世界以外,还更多地出现了自己的内心感受以及对自我进行评价的记述。又如,初中生的日记中除了记述事件外,更多的是自己的感受和对于自己在事件中的表现的评价。另外,初中生记日记是真正出于自我表达和自我宣泄的需要,对自己的日记细心保管,不允许别人看。

2. 自我体验的发展

在少年的诸多自我体验中,自尊感、自卑感以及成人感对自我意识的发展最有影响力。

(1) 自尊感

自尊感是个体的自尊需要与社会评价之间相互关系的反映。随着年龄的增长和知识的日益丰富,自尊感的发展在少年的个性发展中占有重要的地位,特别需要在品德、人格和能力等方面得到他人的认可,同时也需要得到自我的认可。因此,当个体自尊感得到满足时,他们容易沾沾自喜;当自尊感得不到满足时,他们又容易妄自菲薄。

(2) 自卑感

自卑感是一种对自我的某一方面或某些方面持否定态度的情绪体验。处于自卑感中的少年会有心情抑郁的体验和闷闷不乐的表现。少年时期往往是自卑感的萌芽时期,由于少年期是性格发展的关键期,因此,少年时期是抑制自卑感发展,形成良好自我体验的重要时期。在这一时期如果能够对有自卑感的少年给予正确指导的话,自卑感是比较容易矫正的。自卑感到了成年时期就会稳定下来成为人格的一部分,难以改变。

(3) 成人感

随着生理发育的迅速成熟,少年的成人感日趋强烈,他们感觉自己已经长大,特别渴望得到成年人的各种体验。成人感的出现和发展,在绝大多数情况下会使少年产生积极的情绪体验,使他们产生强烈的自立愿望,推动少年用独立的姿态去接触他人,探索世界。但成人感的发展有时也会带来对成人的反抗心理,例如,在与成人的意见不一致时,少年就容易出现抑郁或愤怒的情绪体验,甚至会有冲动的表现。

3. 自我评价的发展

个体对自己的思想、愿望、行为和个性特点的判断和评价就是自我评价。少年的自我评价在以下几方面都有很大的发展。

(1) 抽象性

抽象性是相对于具体性而言的。儿童的自我评价有很强的具体性，他们总是从外部表现和具体的行为结果来评价自己。而少年往往可以从内部动机来剖析自己的行为，能够从一些具体的行为中抽象出自我的特点，自我评价比儿童更加概括和深化。

(2)独立性

进入青春期后，少年的自我评价对于成人的依附性减弱，他们表现为对自己的评价特别有主见，自我评价的独立性显著提升。另外，少年会非常重视同龄人对自己的评价，有时甚至会因为重视同龄人的评价而忽视成人的意见。

(3)全面性

随着年龄的增长，少年往往可以依据一定的道德观念和社会行为准则来评价自己的思想和行为，自我评价更加全面和深刻。在此基础上，少年有时可以做出一些对自己的批判性的评价。因此，他们自我批评的意识开始发展。

4. 自我控制的发展

青少年自我控制能力表现出以下几个特点。

(1)自我控制的稳定性有待提高

少年的自我控制能力虽然整体上在不断发展，但仍然缺乏稳定性和持久性。研究发现，少年的自我控制能力还没有达到稳定状态，在波动之中发展，到了青少年初期，自我控制的稳定性会大幅提高。

(2)自我控制更多依靠内部动力

儿童更多的是依靠外部的约束来调控自己的行为，自我控制能力相对较低。到了青春期之后，随着自我意识的迅速发展，少年的自我控制由以前的依靠外部约束逐渐转变为依靠自身内部动力来进行，这是少年自我控制能力发展的主要特点。

(二)青少年期自我意识的发展

与少年时期相比，青少年期自我意识的发展总体上表现出更成熟的特点，主要表现在以下几方面。

1. 自我意识的分化与统一

(1)自我意识的分化

青少年在少年时期就出现了自我意识分化的早期状态,将原来笼统的自我分化成主观自我与客观自我。主观自我是认识的主体,客观自我是认识的客体。在成长过程中,主观自我不断审视和评价客观自我。在少年时期,个体的自我意识还会分化成理想自我、现实自我和投射自我。理想自我是自己想要达到的、理想状态下的我;现实自我是自己目前处于实际现状中的我;投射自我是自己认为他人眼中的自我。这两种自我意识的分化在青少年阶段发展得非常明显,青少年能够明显地意识到主观自我对客观自我的评价、体验和控制,并且能够准确地分清理想自我、现实自我和投射自我的状态。

(2)自我意识的统一

所谓自我意识的统一,是指理想自我、现实自我、投射自我三者之间的差距在合理的范围内,而且青少年能够客观、理性地看待三者之间的矛盾,并在此基础上得出对自己的统一的认识和评价。自我意识的统一是自我意识走向成熟的另一个标志。

2. 独立性的发展与成熟

青少年的独立性是建立在与人和睦相处的基础上的,由于换位思考能力的提高以及情感体验、社会阅历的丰富,他们能够意识到父母和教师的良苦用心,能够深刻体验到成人的情感变化。因此,大多数青少年能够与其父母或其他长辈保持一种肯定的、尊重的关系。由此可见,在与外界保持和谐的同时逐步达到自我独立的状态,这是青少年自我意识中独立性走向成熟的标志之一。

3. 自我评价的成熟

青少年时期,随着个体认知能力的显著提升,个体对自己的认识和评价有了全面的发展,并逐步走向成熟。他们不仅能够更加独立地看待自己,而且可以更加全面、客观、辩证地分析和评价自己,并且自我评价的稳定性即前后评价的一致性有所提高。青少年自我评价的成熟会加速自我监督、自我调控以及自我改造能力的完善。对于大多数青少年来说,他们都有比较恰当的自我评价,能够全面地认识自己的优缺点。

4. 自我同一性的发展与同一性危机

自我同一性是一种复杂的内部状态,包括四个方面。

(1)个体性

个体性是指能够意识到独特感,以不同的、独立的实体而存在。

(2)整体性和整合性

整体性和整合性是指个体内在的整体感以及自我意识能把自己零碎的自我表象整合成一种有意义的整体。

(3)一致性和连续性

一致性和连续性是指个体追求一种过去与未来之间的内在一致和连续感,感受到生命的连贯性并朝着有意义的方向前进。

(4)社会团结性

社会团结性是指个体具有团体的理想和价值的一种内在的团结感,感受到社会的支持和认可。

如果青少年只有内在少数的同一性感觉,并且感受不到自己的生命是向前发展的,不能获得一种满意的社会角色或职业所提供的支持的话,这个人就处于自我同一性危机的状态。

三、青少年品德的发展

(一)青少年品德发展的特征

"伦理"是指人与人之间的关系以及必须遵守的道德行为准

则。伦理是道德关系的概括,伦理道德是道德发展的最高阶段。青少年的伦理道德是一种以自律为形式,以遵守道德准则并运用原则信念来调节行为的品德。这种品德的主要特征表现在以下几个方面。

1. 道德信念和理想在青少年的道德动机中占重要地位

青少年阶段是道德信念和理想形成,并开始运用它们指导自己行动的时期。这一时期的道德信念和理想在中学生个体的道德动机中占有重要地位。青少年品德行为更具有原则性和自觉性,也更符合伦理道德的要求。

2. 能独立、自觉地按照道德准则来调节自己的行为

从中学阶段开始,个体逐渐掌握伦理道德,并能独立、自信地遵守道德准则。我们所说的独立性就是自律,即服从自己的人生观、价值标准和道德原则;我们所讲的自觉性,也就是目的性,即按照自己的道德动机去行动,以便符合某种伦理道德的要求。

3. 青少年品德心理中自我意识的明显化

自我道德修养的反省性和监控性既是道德行为自我强化的基础,也是提高道德修养的手段,这一点从青少年期开始越来越明显。

4. 道德发展和人生观、价值观的形成一致

一个人人生观、价值观的形成是其人格、道德发展成熟的重要标志。当青少年的人生观萌芽和形成的时候,它不仅受主体道德伦理价值观的制约,而且又赋予其道德伦理以哲学基础。因此,两者是一致的,是相辅相成的。

5. 道德行为习惯逐步巩固

在中学阶段的青少年道德发展中逐渐养成良好的道德习惯是进行道德行为训练的重要手段。因此,与道德伦理相适应的道德习惯的形成又是道德伦理培养的重要目的。

6. 品德结构的组织形式完善化

一旦进入伦理道德阶段,青少年的品德动机和品德心理特征在其组织形式或进程中就形成了一个较为完整的动态结构。其表现包括以下几方面。

第一,道德行为不仅按照自己的准则规范定向,而且通过逐渐稳定的人格产生道德和不道德的行为方式。

第二,在具体的道德环境中,可以用原有的品德结构定向系统对这个环境做出不同程度的同化,随着年龄的增加,同化程度也增加。

第三,随着反馈信息的扩大,他们能够根据反馈的信息来调节自己的行为,以满足品德的需要。

(二)青少年品德逐渐变成熟

少年时期的品德具有动荡性,到了青少年初期,才逐渐变成熟。

从总体上看,少年期的品德虽具备了伦理道德的特征,但仍旧是不成熟和不稳定的,其具体表现主要包括以下几方面。

第一,道德动机逐渐理想化、信念化,但又有敏感性、易变性。

第二,道德意志虽已形成,但又很脆弱。

第三,道德情感表现得丰富、强烈,但又容易冲动而不拘小节。

第四,道德观念的原则性和概括性不断增强,但还带有一定程度具体经验的特点。

第五,道德行为有了一定的目的性,渴望独立自主地行动,但愿望与行动又有一定的距离。

这个阶段的品德发展可逆性大,充满了半幼稚、半成熟、独立性和依赖性并存的错综复杂而又充满矛盾动荡的特点。

随着年龄的增长,青少年初期品德发展逐步进入了以自律为形式、遵守道德准则、运用信念来调节行为品德的成熟阶段。所以,青少年初期是走向独立生活的时期。成熟的指标有如下两个。

第一,人生观、价值观初步形成。

第二,能较自觉地运用一定的道德观点、原则、信念来调节行为。

这个阶段的任务是形成道德行为的观念体系和规则,并促使其具备进取和开拓精神。

四、青少年社会关系的发展

(一)亲子关系的发展

青少年期子女与父母的关系会出现一些微妙的变化。青少年希望父母能够表现出以下三方面的品质。

第一,亲近感。即在父母和孩子之间有温情的、稳定的、充满爱意的、关注的联系。

第二,心理自主。即提出自己的意见的自由、为自己做决定的自由。如果缺乏自主,青少年就容易出现问题行为,难以成长为独立的成人。

第三,监控。成功的父母会监控和督导孩子的行为,制定约束行为的规矩。监控能够让孩子学会自我控制,帮助他们避开反社会行为。

一般来说,在少年时期,由于自我意识的迅速发展,子女对父母的反抗性明显增强,如果父母的教育方式不当,在家庭当中极有可能出现亲子冲突的现象。亲子之间一旦发生冲突,其焦点可能集中在五个方面。

第一,家庭关系。比如,不成熟的行为、对父母的一般态度和尊重水平、和兄弟姐妹吵架情况、与亲戚的关系、顾家的程度或在家里要求自主的程度。

第二,责任感。父母希望孩子在以下方面负起责任:做家务,挣钱和花钱,注意自己的财物、衣服和房间,打电话,为外人做事,家庭财产的使用等。当孩子表现出不负责任时,父母通常是比较恼火的。

第三,社会生活和习俗。比如,朋友或恋人的选择、外出可以到什么地方、可以参加什么类型的活动、晚上回家的时间、谈恋爱、衣服和发型的选择等。

第四,学校。青少年的学习成绩、在学校的行为以及对学校的态度,都会引起父母的很多注意。

第五,价值观和道德。比如,酗酒、抽烟,语言和言语,基本的诚实,性行为,遵守法律、少惹麻烦等。

如果出现亲子冲突,父母经常会觉得孩子长大了,越来越不听话了;而子女则会经常抱怨父母不理解自己,过分干涉自己的生活。因此,针对子女的叛逆心理,家长应该机智灵活地运用各种教育方法,既要维护好亲子关系,又要让孩子的个性健康发展。在进入青少年初期以后,随着子女的认知能力和情绪自控能力的提高,子女能够在一定程度上体会到父母的良苦用心,并在情感上与父母重新建立亲密关系,亲子冲突的现象越来越少。但如果在童年期和少年期父母的教育方式极端偏激而且始终没有改善的话,青少年初期的子女尽管与父母的正面冲突减少,但他们会用冷漠的方式继续进行抗争,导致亲子关系逐步疏远而难以挽回。

(二)师生关系的发展

研究发现,中学生的师生关系总体状况良好,且存在显著的年级和性别差异。如初一、高一年级的师生关系好于初二、高二年级;在冲突性方面,男生显著高于女生;在亲密性和支持性方面,不存在显著的性别差异;在满意感方面,女生显著高于男生。在中学时期,师生关系受到很多因素的影响,主要包括以下几方面。

第一,教师的学识,学生喜欢学识渊博的教师。

第二,教师的态度,学生喜欢工作负责、有爱心的教师。

第三,教师的教育和教学能力,学生喜欢教育方法得当的教师。

第四,教师的人格魅力,学生喜欢年轻活泼、有幽默感、能与学生有共同语言的教师。

第五,学生对教师职业的理解程度也在一定程度上影响着师生关系。学生如果把教师只当成传授知识的人,就会自觉或不自觉地排斥教师对其进行的日常管理和道德教育。

中学生一般能够自觉地尊重教师,与教师建立良好的师生关系。但是,他们不再对教师的话言听计从,而是有选择性地接受教师的话语,并且由于青春期的叛逆性,如果教师的教育方法不当还有可能导致师生关系的紧张或冲突。因此,教师的教育态度和方法对于师生关系的发展是至关重要的。

(三)同伴关系的发展

青少年在青春发育期感受到了身心的巨大变化,他们对于自己和外界时常感到不可捉摸,尤其能够体验到一种不安。同伴之间常常可以交流彼此对事物的看法以及经验和感受。因此,同伴关系可以为青少年带来安全感和稳定感。

青少年之间的友谊随着青少年彼此之间交往的加深而产生,它能起到六种基本的作用。

第一,刺激。友谊为青少年带来了有趣的信息、兴奋、快乐。

第二,陪伴。友谊给青少年提供了熟悉的伙伴,他们愿意待在一起,并参加一些相互合作的活动。

第三,物理支持。友谊会提供时间、资源及帮助。

第四,人格自我支持。友谊会提供对支持、鼓励和反馈的期望,这有助于青少年维持他们对自己的能力、魅力及个人价值的肯定。

第五,社会比较。友谊会提供信息让青少年知道自己和他人的立场,以及他们的所作所为的对错。

第六,亲密。友谊为青少年提供了一种温情的、密切的、信任的相互关系,这种关系中包含了自我表白。因此,朋友成了青少年最快乐体验的来源,朋友是他们感到最舒适的人,也是他们觉得可以敞开心扉、无所不谈的人。

另外,同伴关系对青少年成长的重要意义还表现在以下几方面。

第一,同伴关系有利于满足自我认识的需要,有利于发展自我同一性。

第二,同伴关系可以减少对父母的依赖,发展独立自主的能力。

第三,同伴关系有助于发展人际交往能力。

第四,同伴关系有助于情感和人格的发展,有助于培养合作精神。

青少年往往喜欢和自己兴趣爱好相同的同伴交往并成为朋友,这一时期的友谊往往比以后任何一个年龄段的友谊都更纯洁和直率。许多青少年在交友时往往过分看重感情,却对感情的基础缺乏考虑。因此,中学生在交友的时候不能单凭兴趣,也要重视品德标准。

(四)异性交往的发展

进入青春期后,随着性机能的成熟和性意识的觉醒,青少年开始对异性同学产生兴趣。他们逐渐改变了童年时期异性疏远的状态,开始学会和异性同学和睦相处并逐渐发展出友谊。几乎在所有男女生的心中,都有一位自己喜爱的异性朋友。一般来说,女生喜欢那些友好大方、举止自然、不粗鲁、有活力的男生;男生喜欢那些相貌好、文雅、活泼的女生。青少年时期的异性交往很容易产生爱慕之情,但这种爱慕之情是很稚嫩的,缺乏牢固的基础,很少有能够保持下来并最终发展成爱情和婚姻的。异性之间的爱慕如果不能得到正确处理的话,会对各自的学业都产生影响。

第五章　成年时期的心理发展研究

成年期又称青年晚期,年龄段为 18～35 岁。成年期是个体进入成人角色、承担成人责任和义务的时期。根据孔子《论语·为政》"吾十有五而志于学,三十而立,四十而不惑,五十而知天命,六十而耳顺,七十而从心所欲,不逾矩",可以看出成年初期的个体正处于"志于学"到"而立"之年。从这个阶段开始,恋爱、婚姻、家庭的确立,职业的选择与事业的发展,刚刚步入成人社会所产生的种种不适应,以及由此产生的各种精神困惑等是成年初期主要的发展任务和需要解决的课题。

第一节　成年时期的身体和认知发展研究

一、成年期的生理发展

在成年期,个体的健康、精力和耐力等都达到了巅峰状态,感觉能力和运动能力也都处于高峰期。但这一时期由于社会压力增大,个体也容易出现亚健康的问题。

(一)成年期的生理特征

在成年期,个体的身高、体重获得充分的发育,骨化完成,身高的增长逐渐停止;生殖系统功能成熟,已具有良好的生殖能力;身体内部各系统功能指标趋于平衡,大脑和神经系统功能显著发展并逐渐成熟。

与中年和老年人相比,成年期的死亡比例较低,显示了其优良的健康状况。导致成年期个体死亡的三大因素主要是意外事故、被杀和自杀,此外,肥胖、运动量不足和威胁健康的行为也是重要的影响因素。

(二)亚健康

从1998年苏联学者布赫曼提出介于健康与疾病之间的"第三状态"至今,"亚健康状态"的提法在我国已被公众广泛使用。亚健康是一种介于健康与疾病的中间状态,是个体在适应生理、心理、社会应激过程中,由于身心系统(心理行为系统、神经系统、内分泌系统、免疫系统)的整体协调失衡、功能紊乱,而导致的生理、心理和社会功能下降,但尚未达到疾病诊断标准的状态,这种状态通过自我调整可以恢复到健康状态,长期持续存在可演变成疾病状态。

1. 亚健康的表现形式

亚健康状态的主要表现形式为生理、心理和社会适应三方面的改变。

(1)生理方面

生理方面主要表现为疲劳、困倦、乏力、多梦、失眠、头晕、目眩、心悸、易感冒、月经不调、性功能减退等。

(2)心理方面

心理方面主要表现为抑郁、焦虑、烦躁、妒忌、冷漠、孤独、记忆力下降、注意力分散、精神紧张、反应迟钝、情绪低落等。

(3)社会适应方面

社会适应方面主要表现为学习困难、工作吃力、人际关系紧张、家庭关系不和谐等。

2. 亚健康的影响因素

亚健康的影响因素主要包括以下几方面。

(1)生理因素

影响亚健康的生理因素主要包括以下几方面。

①身体过度疲劳

由于现代工作竞争的日趋激烈,人们用心、用脑过度,身体的主要器官长期处于入不敷出的非正常负荷状态,身体过度疲劳造成精力、体力透支,从而导致出现亚健康的状态。

②身体的自动老化

随着年龄的增长,机体的各个器官都会减退,表现出体力不足、精力不支、适应能力降低,进而导致亚健康状态的发生。

③心血管、肿瘤等疾病的前期

在疾病发生前,人体在相当长的时间内不会出现器质性病变,但在功能上已经发生了障碍,如胸闷气短、头晕目眩、失眠健忘等症状。

(2)心理因素

我国学者王文丽、周明洁和张建新(2010)提出易感素质—危险诱因—心理危险信号病理模型来解释心理因素对亚健康的影响。他们认为亚健康的危险因素应区分为易感素质、危险诱因和危险信号。

易感性是存在于个体内部的、内隐的特质,是症状发生的独立的基础,易感性只有在应激的条件下才能对症状发生构成充分条件。易感性一经激活,就可能成为心理症状的维持性因素。易感性特征包括描述性易感特征和易感素质。易感素质则由心理易感人格、认知模式、创伤史的残余压力等和生理易感素质构成。生理易感素质分为体质基因等影响生理机能的生理素质和神经系统等影响心理机能的生理素质。

危险诱因是指各种应激源。个体发生亚健康状态时,除了主观体验外,还会有一些可观察的症状表现,这些症状表现称之为亚健康的危险信号,它提示了亚健康状态的发生或存在。危险信号包括生理危险信号和心理危险信号。他们认为三因素导致亚健康的机制是应激作用于个体时通过与原有易感素质的交互作用实现对原有系统机制平衡的干扰破坏,以危险信号的形式表现出亚健康的状态。

(3)社会因素

影响亚健康的社会因素主要包括以下几方面。

第一,人际关系复杂,上下级或同事之间关系紧张。

第二,社会竞争激烈,工作、学习负担过重,生活压力过大。

第三,遭遇离婚、丧偶、失业、法律纠纷、经济负担过重等不良生活事件。

第四,机械化、公式化的生活、工作和学习占去了人的大部分时间,使人们之间的情感交流越来越少,孤独成为人们生存的显著特征。

(4)环境因素

现代生活中,尤其是大城市汽车尾气、灰尘、空调等,对空气造成了污染,人们吸入了不新鲜的空气,这也是导致亚健康状态的因素之一。

(5)不良的生活与行为方式

不良的生活与行为方式主要体现在以下几方面。

第一,饮食结构不合理,机体摄入低蛋白。

第二,长期偏食。

第三,暴饮暴食。

二、成年期的运动能力

很多运动技能在20～35岁时达到巅峰(表5-1),然后慢慢衰退。奥运会运动员及职业运动员竞技状态最好的年龄在一个世纪以来并无太大变化,变化的是随着训练方法的改善,世界纪录被不断刷新。在要求肢体运动速度、爆发力、躯体大运动协调的项目,巅峰年龄是20岁出头,比如在短跑、跳远、网球等项目中。而在依靠耐力、手臂稳定性及瞄准的项目,通常是在接近30岁前后达到巅峰,比如长跑、棒球、高尔夫球等项目。因为这些技能要求耐力或精确的运动控制,所以要长时间练习才能日臻完美。

表 5-1　某些运动技能的巅峰年龄(岁)[①]

运动技能	男性	女性
游泳	19	17
短跑	23	22
跳远	24	23
中距离跑、网球	24	24
长跑	27	27
棒球	28	—
高尔夫球	31	31

需要指出的是,虽然运动技能在成年期达到巅峰,但是,直到老年期,运动能力的衰退原因中,与年龄有关的生物学方面的老化只是其中一小部分原因。六七十岁的健康人运动技能较低,主要是由于其生活方式对身体的要求越来越小,从而导致能力的下降。

三、成年期言语的发展

一方面,成年人会持续自己在儿童期就已经掌握的语音体系,同时,成年人也会保持自己关于语法或句法方面的知识。另一方面,成年人关于语义、词义方面的知识在整个成年期会一直扩展,甚至会持续到七八十岁。毕竟成年人年复一年地从外部世界获得经验,所以他们的词汇一直增长就不是什么新鲜事了,并且,成年人对词语的含义的理解也会变得更加丰富。另外,成年人在语用方面也会变得更加精细,使之适应于不同的社会背景和专业背景。比如,医生必须形成与病人进行有效沟通的言语风格。总之,成年人的语言使用能力日臻娴熟。

---

① 雷雳. 发展心理学[M]. 北京:中国人民大学出版社,2017.

四、成年期思维的发展

在进入成年期以后,个体经过进一步学习,已经基本掌握了本民族的文化及社会道德系统,对社会的基本要求已能适应。因此,成年期个体在学习掌握知识方面所面临的目标已不再是对知识的获取和占有,而是如何运用知识、经验、技能及道德规范更好地解决各种问题,承担和履行各种社会责任和义务,以达到对社会的新的适应,并最终取得自我的发展。成年期个体所面临的新的社会环境和任务赋予了他们新的社会角色,使得他们的思维特点不同于青少年时期所表现出来的形式逻辑思维的特点,辩证的、相对的、实用性的思维形式逐渐成为这个时期个体的重要思维方式。这个时期的个体,已经具有较为稳定的知识结构和思维结构,并积累了许多经验,掌握了解决某些实际问题的技能,思维品质趋于稳定。概括来说,成年期的思维特点表现在以下几个方面。

(一)思维方式以辩证逻辑思维为主

在成年期,个体的辩证逻辑思维逐渐发展并成为这一时期的主要思维形态。辩证逻辑思维是对客观现实本质联系的对立统一的反映,其主要特点是既反映事物间的相互区别,也反映相互联系;既反映事物的相对静止,也反映事物的相对运动,在强调确定性和逻辑性的前提下,承认相对性和矛盾性。美国心理学家帕瑞和布朗(Perry 和 Brown,1979)等人综合其研究认为,个体进入成年期后,思维中逻辑的绝对成分在逐渐减少,辩证成分逐渐增加。这种变化的重要原因之一是个体逐渐意识到围绕同一个问题存在着多种不同的观点,而且解决问题的方法也不是单一的。帕瑞对大学生思维发展进行了系统研究和总结,发现这种转变具有三个阶段。

第一阶段:二元论阶段。个体的思维水平如果处于这一阶段,常以对与错两种绝对的形式来进行推理,对问题及事务的看法是非此即彼、全白或全黑的易将知识视为固定不变的真理,凡事追求"什么是正确的答案",而不考虑合理的程度。

第二阶段:相对性阶段。在这个阶段,个体思维过程的抽象性及理论性已达到较高水平。个体的思维水平如果处于这一阶段,他们常常通过权衡比较不同的理论、观点,从而找到能够解释现实的有效理论。

第三阶段:约定性阶段。这一阶段的个体不仅能进行抽象逻辑思维,而且在分析事物时具有自己的立场和观点,对各种现象的解释能持相对的态度,由于能意识到所有运动及变化的性质,因此,既能坚持那些约定俗成的立场和思想观点,又能随时对此进行相应的调整。

上述三个阶段的具体内容反映了成年期的个体从以形式逻辑思维为主向以辩证逻辑思维为主过渡的思维形态。

另一位美国著名的成人思维专家拉勃维维夫(Labouvie-Vief,1980)认为,成年期个体思维中的形式逻辑性逐渐减退,而以现实为导向的实用性成分逐渐增多。成年期的这种思维变化,在以儿童为中心的发展心理学理论中,如传统的皮亚杰理论看来是一种退化,即对现实的不适应。而在"成人背景模式"理论看来则是一种适应性的思维形式。此理论认为,形式运算思维是一种依照假设进行的严格的推理形式,当现实情况错综复杂的时候,此种推理会显现出局限性,阻碍个体对现实做出良好的反应。拉勃维维夫认为成年期出现的变通性思维是思维的一种新的整合,也是一种分析问题和解决问题的新策略。具体表现为个体能够意识到现实生活中的各种条件及限制,而且能够灵活地根据问题情境进行具体的和实用的分析和思考,这正是思维不断成熟和发展的表现。所以,从成年期开始,伴随着形式逻辑思维的进一步成熟和完善,个体逐渐表现出一种相对的、实用的思维形态,这种形态开始出现于大学生阶段,随后便被逐渐固定下来,发展成为成年期认知活动的一般形式。

(二)思维发展的第五个阶段

按照皮亚杰认识论的观点,把个体的思想发展划分为感知运动阶段、前运算阶段、具体运算阶段、形式运算阶段四个阶段。后来的研究者发现,皮亚杰的阶段划分并不完整,形式运算并不是个体认知发展的最后阶段。到 20 世纪 80 年代以后,研究者用后形式运算、反省判断、辩证思维、认识论认知等不同的概念来描述个体思维超出皮亚杰形式运算阶段以后的认知图式,统称为思维发展的第五个阶段。思维发展的第五个阶段就是成人前期的认知特点。国外有许多心理学家对第五阶段思维的特征进行了论述,主要有以下观点。

1. 里格观点

美国心理学家里格(Reigel)的辩证运算在 20 世纪 60 年代有两个研究发现,在皮亚杰的空间守恒任务中,个体并未表现出守恒的能力,里格据此提出形式思维并不能用来表述成人的思维。皮亚杰的形式运算只在某些特定条件下,如逻辑、纯学术领域中适用。1973 年,里格首先提出辩证运算的概念,即强调人的思维的具体性与灵活性对于诸如现实与可能、归纳与演绎、逆向性与补偿作用、命题内与命题间的问题能做全面的及矛盾的处理。他还认为辩证运算可以更好地描述成人的思维。因与皮亚杰的形式运算相对应,辩证运算也有四种形式,即感知动作、前运算、具体运算和形式运算中出现辩证运算的思维特征。里格认为皮亚杰理论是一种异化理论。皮亚杰以同化与顺应这一辩证基点来描述人的认知发展,认为个体的认知向着抽象思维发展,但当个体的思维发展到形式运算阶段,这种思维表现为一种形式化的无矛盾的思维,其发展的基点就不复存在。而在里格看来,矛盾是思维的源泉,例如,在感知运动、前运算和具体运算阶段,就会遇到诸如上下、前后、左右等相对性的关系概念,在形式运算阶段更需要有动态的、发展的、变化的辩证观点。所有这些,都要以矛盾作为思考问题的基础,于是个体思维的发展是越来越接受矛盾,使每个阶段都有辩证运算的成分存在,逐步达到思维的成熟阶段。

2. 辛诺特的观点

美国心理学家辛诺特 1984 年提出相对性后形式运算,她指出这个概念强调作为认识主体的人的主观性在理解现实过程中的重要作用。在她的相对性思维中有两个相关的认识假设。

一是知识的主体性。客体知识不可能与个体的主观解释分离。例如,当人们试图去了解自己的人际关系状况时,他对人际关系的理解方式将影响着人际关系的性质。

二是理解同一现象时存在着几种都正确或都有效的方法。随着主体所选择的方法不同,所获得的知识也不一样。

辛诺特的相对性思维认为思维者在面临某情境时,必须对几种可能的方法做出选择,所以在相对性后形式运算思维中要充分解决某一实际问题,在解决同一问题时,多种甚至相互矛盾的解决方法也是可能存在的;同时选择、运用某种方法乃是依靠个体内部的力量。

3. 拉勃维维夫的观点

美国心理学家拉勃维维夫在探讨后形式运算的认知发展课题中非常强调青少年与成人生活环境的差异对思维的影响。他认为青少年需要建立稳定的同一性才能度过人生中这个疾风骤雨的时期,而形式运算与环境变化保持的一致性,正适合这个目标。而成人所负的社会责任,需要成人建立稳定的情境与具体社会情境的稳定关系,即能在具体情境中进行思维。因此,许多研究者认为,成人是以专门性、具体实用性、保护社会系统的稳定性为特征。

思维的专门性是指学会在特定的情境中以某一角色出现所必须具有的特定的思维方式。

思维具体实用性是指学会一种最好的解决办法来解决可能对角色行为构成威胁的具体问题，人们在某种社会情境中必须采取某种角色行为并使之有意义。

保护社会系统的稳定性是指学会以维持这种社会情境的方式来进行思维。

成人思维的这些特征，总体上可归结为建立稳定的社会情境。在这一点上拉勃维维夫同意皮亚杰关于成人认知发展是形式运算能力对社会顺应的观点，但她认为还包括经验的有效性、实用性所带来的结构变化。

五、成年期智力的发展

个体发展至成年期，在智力结构的各个方面均已基本发展成熟，所以，从成年期智力表现的总体水平来看，的确表现出相对稳定的特点。但与此同时，成年期个体的智力在性质上仍表现出一些全新的属性。美国学者沙伊（K. W. Schaie, 1994）总结了有关成人智力发展的研究，提出了成年期智力发展的几个阶段，指出每个阶段都对应着不同的认知任务。对于成年期的个体来说，在获取知识的有效性方面相对于处于形式运算阶段的青少年没有更大的发展，但成年人的智力特点主要是体现于对知识的应用上，这一特点从成年期开始便明显地表现出来。

在记忆方面，对于成年期的个体来说，虽然机械记忆能力有所下降，但成年期的前一阶段是人生中逻辑记忆能力发展的高峰期，其有意记忆、理解记忆占据主导地位，而且记忆容量也很大。

在想象力方面，成年期个体想象中的合理成分及创造性成分明显增加，克服了前几个发展阶段中所表现出的过于虚幻的想象，使想象更具有实际功能。

总体来说，在成年期，个体的大多数智力成分在质和量的方面均在发展并达到成熟。

第二节　成年时期的心理社会性发展研究

一、成年期情绪的发展

成年期随着自我意识的发展和自我同一性的确立，人生观、价值观的形成，以及经历恋爱、结婚及婚后适应，他们在心理上基本已处于安定状态，情绪上也渐趋老练和稳健，其主要表现和特点如下。

(一)友情和孤独

成年期，特别是大学生，虽然已经脱离了孩子的群体，但尚不能履行成人的责任和义务，因此常有被排斥于成人行列之外的孤独感。为了摆脱孤独，他们便开始寄托于朋友深厚的友情。即使组成了家庭，很多人仍然非常注重朋友之间的友谊，他们将这种友谊当成自己排忧解难的渠道之一。

(二)性意识的发展及恋爱结婚

成年期时，性意识的迅速发展促进了对异性意识的改变和增强，由此产生了恋爱情感。这种情感的顺利发展，是一个人融入社会组成家庭，成长为一个有责任社会公民的必然要求。这种情感已经不再像青少年时期那样狂热偏执，而是经过慎重选择和较为全面考虑后的感情表露，进而又发展为结婚愿望及两情相悦形成婚姻现实。

(三)对双亲和子女的正反两方面矛盾情感

通常来说，青少年容易产生对父母的反抗情绪，但这种反抗并不意味着双亲缺乏温情。而进入成年期的青年会逐渐开始对父母表现出明显的孝道、尊敬和报恩之情。有了孩子之后,对子女的矛盾情感也油然而生,一方面要教育孩子,有时会表现得非常严厉,而另一方面又对孩子充满了深沉的爱。

二、成年期自我意识的发展

在成年期,个体自我意识的发展促进了自我的形成。自我的形成是经过整个青年期的分化、整合过程之后得以最终完成的。整合和统一主要是通过自我接纳和自我排斥的过程实现的。

自我接纳是以积极的态度正确对待自己的优点和缺点,接受自己的长处和短处,以平常心面对自我现实,能根据自己的能力和条件,确定自己的理想目标,是对自我积极肯定的心理倾向。

自我排斥即否定自己、拒绝接纳自己的心理倾向,是对自我消极否定的心理倾向。

自我排斥和自我接纳是个体形成良好的心理品质所必需的心理过程,是自我意识发展过程中必不可少的心理过程。

自我的形成是以自我同一性确立而获得安定的心理状态为标志的。自我的形成过程受到众多因素的影响,这主要包括以下几方面。

第一,个体积累的知识经验。青年在生活中所积累的知识经验直接影响到自我意识的发展,特别是"成功"和"失败"的经验对自我的形成及自我意识的发展具有巨大的影响。青年正是通过对这些经验的再评价来不断修正自我意识。

第二,来自他人的评价。来自他人的评价也会直接对自我意识的修正、自我的形成产生作用。自我意识尚未得以确立的青年,往往对他人的评价非常敏感。成年期的青年则可以通过他人对自己的态度、评价来认识并确认自我的存在价值。

第三,成年期自我明显的分化,意味着自我矛盾冲突的加剧,其结果造成自我在新的水平和方向上达到协调一致,即自我统一。但是,这并不意味着自我发展的结束。

三、成年期自我同一性的确立

埃里克森(E. H. Erikson)指出步入成年期的主要任务是获得自我同一性,避免角色混乱,体验着诚实品质的实现。成年期是自我发现与再整合的时期,青年人虽然有能力承担诸多社会责任和义务,但他们在做出某种决断的时候往往进入一种"暂停"局面,以尽可能地满足避免同一性提前完结的内心需要,而社会也给予青年暂缓履行成人责任和义务的机会,因此,这是一种心理的、社会的延缓偿付期。在延缓所承担的义务和责任的同时,青年学习并实践着各种角色,以形成各种本领。同时,青年可以利用这一时期触及各种人生观、价值观,尝试着从中选取一些符合自己的东西,最终确立自我同一性。经过以上的各种体验,青年的心理延缓期也已经结束,青年开始被看作一个能独立地履行成人所必须承担的责任和义务的个体。在现代社会,大学时代的青年应该说正处于"延缓偿付期",是探索自我和确立自我,形成人生观和价值观的重要时期,即自我同一性确立的重要时期。

四、成年期人生观的发展

人生观是对人生目的和意义的根本的看法和态度,是世界观在人生问题上的看法,即有关人生目标及其实现方式的观念系统。人生观的形成和发展,是以个体的思维和自我意识发展水平,以及对社会历史任务及其意义的认识为心理条件的。人生观萌芽于少年期,初步形成于青年初期,成熟和稳固于成年期。少年时期,个体对人生虽然能提出各种疑问,但探索人生的道路和思考人生的意义往往不是很自觉、很成熟的。进入青年初期,由于社会生活范围的扩大,生活经验的丰富,心理发展水平的提高,他们开始主动地从社会意义与价值的角度来评价所从事活动和接触到的事件。此时,个体迫切地、认真地关心和思考人生态度、人生意义以及生存价值等一系列的问题。他们努力地去探求和摸索人生的意义。青年初期的人生观具有很大的感性色彩，并不稳定。到了成年期，个体的思维和自我意识水平快速的发展，以及社会性需要水平的提高，个体对社会生活意义和作用的认识进一步加深，他们对社会生活意义的评价并不因为外界环境条件的变化而改变，人生观表现出一定的稳定性。

五、成年期价值观的发展

(一)成年期价值观的形成

价值观是指个体以自己的需求为基础，对事物的重要性进行评价时所持的内部尺度。从宏观的角度看，价值观是特定社会文化体系的核心；从微观的角度看，价值观是世界观的重要组成部分。作为一种观念系统，价值观对人的思想和行为具有一定的导向或调节作用，使之指向一定的目标或带有一定的倾向性。

成年期价值观的形成是与自我意识的发展密切联系、相辅相成的。价值观影响着自我意识的发展水平，自我意识的发展水平又影响着价值观的形成。价值观一旦形成，就可以促进个体人格的整合，从而保证人的行为的一贯性和连续性。而行为的一贯性和连续性是个体步入社会、履行成人职责的先决条件之一。同时，社会的变化，家庭生活、书籍、电影等都深刻地影响着价值观的形成，是价值观形成的重要条件。

(二)成年期个体价值观成分的变化

价值观的基本成分是价值目标、价值手段和价值评价，成年期个体价值观的成分发生了变化，主要表现为以下几个方面。

1. 价值目标方面的变化

价值目标是价值观的核心成分。它决定着成人初期价值观的性质和方向,指导着青年的生活道路和行为方式的选择,并推动着青年社会实践的进程,因而成为价值观的重点。成年期价值目标的变化,主要表现为个体对人生目标的看法的变化。

研究表明,当代成年期的人生价值目标主要呈现出以下特点。

第一,多数人在观念上认同社会人的人生取向。

第二,少数人崇尚个人奋斗的人生目标。

第三,随着年龄的增长,个人价值取向有增加的趋向,价值目标内容出现多元化的趋势。

第四,相当比例的人试图在社会和个人取向之间维持一种现实的平衡,强调自我与社会融合、索取与贡献并重。

2. 价值手段方面的变化

价值手段直接关系到个人所选择的人生道路,是实现价值观的保证。研究表明,成年期个体在价值手段上的主要特征包括以下几方面。

第一,多数青年努力进取、自强不息。

第二,价值手段出现自我取向和多元化的趋势,比较重视个人素质的作用。

第三,在遭遇重大挫折时,多数青年在进取和接受现实之间采取调和折中,少数人采取消极退缩的应对方式。

3. 价值评价方面的变化

价值评价反映了价值观的动力特征,对个体价值观的确立、维持或改变,以及相应的社会态度和行为起着调控的作用。人们在社会生活中,总是会依据一定的价值标准,对人生和社会行为的价值进行评价并由此产生值得不值得、幸福不幸福的价值感和意义感,从而对价值目标和手段的方向、程度及相应的社会行为,产生促进或维持或阻止或改变的影响。研究表明,成年期个体的价值评价的主要特征包括以下几方面。

第一,多数青年在观念上赞同社会和集体取向的价值评价标准,其人生态度主流是积极的。

第二,在价值评价标准上具有较大的独立性和稳定性。

第三,不少青年力图在"贡献"和"功利"标准之间求得平衡,在现实中具体评价内容侧重于所面临的人生重要课题,如事业、自身发展、婚姻家庭、友谊等。

第四,少数青年推崇个人取向的价值评价标准。

第五,随着年龄增长和时间的推移,青年群体中赞同个人取向的价值评价标准的比例有所增加。

六、成年期的社会性发展

(一)成年期社会关系的特点

1. 社会角色的变化

社会角色是指人们在社会生活中不同发展时期所具有的不同角色身份。在成人初期,每个人的社会角色都发生了很大的变化。因此,处于这一时期的个体要通过角色学习来了解和掌握新角色的行为规范、权力和义务、态度和情感,以及必要的知识和技能等,以达到角色适应。成人初期社会角色的变化主要表现在以下几个方面。

(1)从学生到职业人员的角色转化

成人初期是个体由学生转变为职业人员这一角色转换的重要阶段。在这个转换的过程中,个体一定要经历对职业角色的探索、确立,进而达到稳定发展的阶段。

(2)从非公民到公民的角色转化

进入成年期之后,随着生理、心理的成熟,个体成长为独立的社会成员,社会角色发生了很大变化,即从非公民转化为公民,并开始享有公民应有的权利和义务。从非公民到公民的角色转换标志着个体进入了一个崭新的人生发展阶段。在个体心理发展中具有重要意义。

(3) 从单身到他(她)人配偶的角色转换

埃里克森(E. H. Erikson,1982)的心理社会发展理论认为,成年期个体发展的主要任务是获得亲密感避免孤独感,体验着爱情的实现。因此,大多数青年男女都是在这一时期开始恋爱、结婚,完成了从单身到他(她)人配偶的角色转换。

(4) 从为人子女到为人父母的角色转化

在结婚之前,个体在家庭中扮演的社会角色是单一的,即父母的儿女。进入成年期结婚之后,随着孩子的出生,这种单一的社会角色发生了变化,个体不再只是父母的子女,更为主要的是担当起孩子父母的角色。这时,个体在家庭中承担着既为人子女又为人父母的双重社会角色。

2. 社会交往的特点

成人初期,随着个体在经济、心理等方面独立于父母或其他成人,开始工作,经历爱情、婚姻并成立家庭之后,社会交往比以前又增添了同事关系、上下级关系、夫妻关系、代际关系等重要的人际关系,使人际交往更加烦琐复杂。处在这一阶段的个体随着自我同一性的发展,对自我有了重新的认知,开始摆脱那种肤浅的、表面的对外界及对自我的认知,在人际关系上也有了新的特点,表现为个体不仅能够体验人际关系的深刻内涵,而且也能领会与人交往的艺术,能够按照自己的愿望、需要、能力、爱好同其他人发展良好关系,并表现出对他人更友好、和善和尊敬,能够准确地感知他人的思想、情感,赢得特别的好感和支持,为开创自己的事业奠定社会关系的坚实基础。

(二)成年期个体的友谊

友谊是个体在交往活动中产生的一种特殊情感,它与交往活动中所产生的一般好感是有本质区别的。

1. 成年期友谊的特点

友谊的本质是一种愿意与他人建立和维持良好关系的情感需要,是成年期主要的情感依恋方式与人际关系。友谊的需要是成年期社会化的标志之一。成年期友谊的特点主要表现在以下几个方面。

(1) 交友的数量

成年期个体交友的数量不如青少年期,由于大量成年期的男女已婚,他们的精力更多集中于家庭生活,自然在交友数量上就会减少,但朋友之间的亲密性却在提高。

(2) 择友的条件

与其他年龄段一样,成年期个体在择友方面也是以情趣相投为基础的。只是这个时期的情趣更多地放在工作、社交、志向及价值观等方面。这些方面的类同和共鸣是成年期个体择友的基础。

(3) 知己的程度

成年期个体一般都有一些老朋友、挚友或知己。但知己的程度却是不一样的。成年男女拥有的知己数量,要看其是否能够把自己的兴趣、问题与希望向别人倾诉而定。

(4) 朋友的类型

研究发现,已婚成年期男女的朋友一般可分为两类:一类是兴趣相投的同性朋友;另一类是家庭朋友,即配偶双方都一起认识的朋友。低社会经济阶层的已婚成人的"家庭朋友",通常要少于高社会经济阶层的已婚成人。

2. 成年期友谊的发展阶段

从发展的观点看,成年期友谊的发展有五个清晰的阶段:相识、建立、继续、恶化和结束,这也被称为"ABCDE 模型"。它不仅仅描绘了友谊发展的阶段,也反映了友谊变化的过程(图 5-1)。

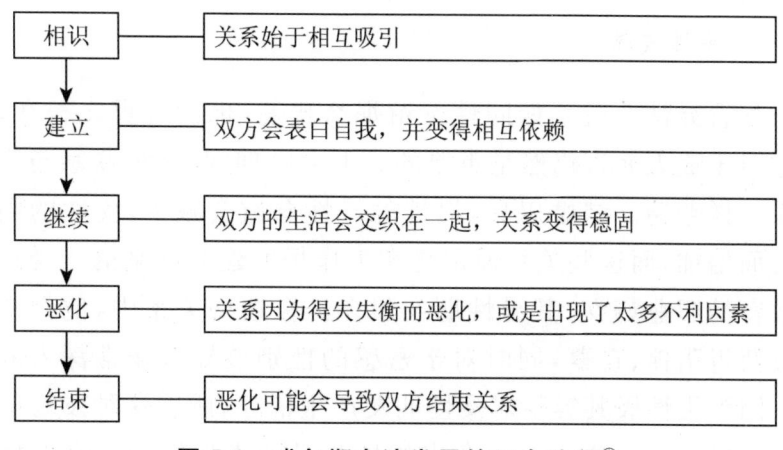

```
┌──────┐    ┌─────────────────────────────────┐
│ 相识 │───▶│ 关系始于相互吸引                │
└──┬───┘    └─────────────────────────────────┘
   ▼
┌──────┐    ┌─────────────────────────────────┐
│ 建立 │───▶│ 双方会表白自我,并变得相互依赖  │
└──┬───┘    └─────────────────────────────────┘
   ▼
┌──────┐    ┌─────────────────────────────────┐
│ 继续 │───▶│ 双方的生活会交织在一起,关系变得稳固 │
└──┬───┘    └─────────────────────────────────┘
   ▼
┌──────┐    ┌─────────────────────────────────┐
│ 恶化 │───▶│ 关系因为得失失衡而恶化,或是出现了太多不利因素 │
└──┬───┘    └─────────────────────────────────┘
   ▼
┌──────┐    ┌─────────────────────────────────┐
│ 结束 │───▶│ 恶化可能会导致双方结束关系      │
└──────┘    └─────────────────────────────────┘
```

图 5-1 成年期友谊发展的五个阶段[①]

3. 同性友谊

在人的一生中,相比男性,女性通常拥有更为亲密的同性友谊。女性朋友在一起时会热衷于自我表白的聊天,说说自己过去的秘密、健康上的问题、与恋人或亲戚相处时的困惑。女性朋友之间更加亲密,感情也更深厚,她们相互信任,并相互提供实际的帮助。

男性朋友间会分享活动和兴趣,他们谈得更多的是外面的事情——运动、政治、汽车,通常围绕着某些共享的活动。男性认为朋友之间亲密感的形成存在一定的障碍,他们感到彼此之间存在着竞争,因而不太愿意表露自己的弱点,或者是担心谈了自己的弱点后,朋友未必会想听。

相应地,男性、女性对友谊会有不同的期望。女性会希望向朋友谈自己的弱点和问题,希望得到注意和同情,必要的时候,有个肩膀可以靠着哭一场。女性对同性友谊的评价一般比男性更为积极,她们对朋友的期望也更高。男性则不太可能谈自己的弱点和问题,但是,如果真的讨论到这些问题时,他们需要的是切实可行的建议,而不是同情。

[①] 雷雳. 发展心理学[M]. 北京:中国人民大学出版社,2017.

4. 异性友谊

尽管异性友谊不如同性友谊那么普遍,也没有那么长久,但是它对于成人而言仍然是重要的。上大学期间,这种联系与恋爱关系一样普遍。结婚以后,男性的异性友谊会减少,女性的则随年龄而增加,而这些关系通常是在工作场所建立起来的。受过高等教育的职业妇女,其异性朋友最多。在这些关系中,他们常常能够获得陪伴、自尊,同时对亲密感的性别差异有非常深入的认识。因为男性极其容易对女性朋友产生信任,所以这种友谊就给他们提供了一个独特的机会来扩展自己的表达能力。而女性则会说男性朋友会对问题和情境提供客观的看法,这从女性朋友那里则是无法获得的。

很多人在异性友谊中会克制性方面的吸引,努力使这一友谊保持一种柏拉图式的理想状态。当然,男性比女性更可能感受到性方面的吸引,如果这种感受挥之不去,关系就可能会变为恋爱。如果稳固的异性友谊真的转变为恋爱关系,那它会比没有友谊基础的恋爱关系更为稳定和持久。在成年期,人们对友谊关系网络的看法更具有灵活性,他们甚至可能把谈恋爱分手以后的前任也当成一个朋友来看待。

(三)成年期个体的爱情

找到伴侣并建立一种持久的情感联结是成年期的一项主要的发展任务。与青少年相比,成年期的浪漫关系更加持久,彼此更加信任和支持,情感更加亲密,同居更加频繁。

1. 爱情理论

(1)进化心理学观

众多研究发现,男女择偶标准存在巨大的差异,男性比女性更强调未来配偶的身体吸引力和年龄年轻,而女性更重视未来配偶的经济能力、雄心和勤奋等特征。

第五章　成年时期的心理发展研究

进化心理学从进化视角解释人类的择偶观和择偶行为。人类的择偶现象具有进化基础，在繁衍压力下，男性、女性进化出一系列与择偶相关的生理和心理机制，择偶策略的选择是为了解决进化过程中的适应性问题。特里弗斯（Trivers）提出了性选择的生殖理论。他认为个体选择伴侣首先考虑的是具有生殖优势的进化特征；其次是具有生存优势的进化特征，这些特征的出现，会影响异性个体的认知和行为。巴斯（D. M Buss）和施密特（D. P. Schmitt）提出了更具代表性的性策略理论。他指出为了赢得最终的生育成功而选择配偶的过程中，男性和女性分别面临着不同的适应性问题，择偶偏好及其性策略是为了解决各自的适应性问题。在考虑生殖效益成本基础上，男女分别进化出了短期求偶策略和长期求偶策略。由于两种策略的生殖机会和限制不同，男女要解决的适应性问题也不同。男性生育成功与否取决于与他们交往的能生育的女性的数量，这种限制使得男性在短期求偶策略中要考虑四个问题。

第一，伴侣的数量。

第二，谁具有生育能力。

第三，其中可以得到的女性是谁。

第四，对其付出最少的投资、风险和承诺的是谁。

男性在长期求偶策略中也需要考虑四个问题。

第一，确信自己具有父权。

第二，识别有生殖价值的女性。

第三，识别擅长养育子女的女性。

第四，识别愿意且能够与自己保持长期关系的女性。

女性生殖成功的限制在于外部资源的数量和质量及男性的基因。这种限制使得女性在短期求偶策略中要考虑两个问题。

第一，短时间内获得的资源。

第二，是否能够发展为长期关系。

女性在长期求偶策略中需要考虑六个问题。

第一，有资本的男性。

第二,能够保护自己的男性。

第三,愿意给自己投资的男性。

第四,具有抚养技能的男性。

第五,男性的基因。

第六,能承诺长期关系的男性。

(2)依恋理论

研究发现,成年期的恋爱关系类似于母婴依恋,像婴儿依恋自己的母亲一样,处于恋爱期的个体对恋爱的另一方也会产生强烈的情感,希望接近对方,体验愉悦感。而且,由于争吵或工作关系,伴侣双方相互分离时,他们也会产生压抑、愤怒、痛苦,这一点类似于婴儿离开父母时的情感体验。通过对成年期个体的研究,哈杉(C. Hazan)和沙沃(P. Shaver)将伴侣间的情感关系分为安全型、抵抗型和回避型。安全型依恋的夫妻彼此信任,体验到更多的正性情感,婚姻更持久。抗拒型和回避型的依恋,夫妻间多嫉妒、情感极端、怀疑婚姻的持久性;而且,回避型依恋的个体对性生活比较恐惧;抗拒型依恋的个体对配偶过于依赖。

(3)理查德·乌德里的配偶选择过滤模型

理查德·乌德里(R. Udry)将选择亲密伴侣的过程比喻成过滤器的工作过程,伴侣的选择共存在六个"过滤器"。

①邻近性

邻近性即个体更可能与地理位置邻近的人建立亲密关系。

②吸引力

在选择伴侣的过程中,成年期的个体对外貌更加关注。研究表明,男性比女性对伴侣的外貌更加在意,而女性则更看重配偶的抱负和能力。

③社会背景

个体倾向于选择与自己的教育、种族、民族、宗教信仰和经济地位相当的人做自己的伴侣。

④一致性

个体间的价值、态度和兴趣的相似性。

⑤互补性

一方的弱势是另一方的优势,双方体现出某方面的互补性。

⑥准备

双方为结婚做好准备。

2. 我国成年期的爱情观

爱情及恋爱的态度是恋爱关系能否建立和维持的先决条件,目前我国成年期个体的恋爱及爱情观有如下特点。

(1)爱情价值观呈现多元化趋势

国内学者廖莎莎、李欣华等(2009)对当代青年爱情价值观进行了调查分析,发现学历水平越低人群越趋向于贪图性欲和现实功利取向;在理想浪漫取向上大学生存在年级差异;青年人谈恋爱的目的有寻找未来伴侣、体验一次真正的爱情、内心空虚摆脱压抑感等,感情因素并不是恋爱的唯一出发点,寻求精神寄托、满足自身生理需求和从众心理也占有一席之地。此外,金钱在当今青年婚恋观中的地位上升,经济基础成为婚恋双方考虑的重要因素。特别值得注意的是青年农民工群体的婚恋观的变化,其因工作等原因长期居住、生活在城市,受到城市文化的熏陶,男性和女性都不愿意娶或嫁给农民。

(2)当代青年择偶更注意精神需要

张进辅等(2000)研究发现,青年最看重的九个择偶标准依次是人品、爱情、性格、责任、未来幸福、健康、才能、兴趣、发展前途。在职青年中最重视的前三项条件是品德修养、性格脾气、健康状况;在校学生重视的前三项条件是性格脾气、品德修养、外貌身材。另外,事业发展潜力、职业、学历、健康状况等方面,女性的要求略多于男性。而肖武(2016)基于全国 4 739 个样本调查中发现,在青年择偶标准问题上,排列在前三位的因素依次是个人品质、个人能力、双方感情,然后是家人意见、家庭背景、外表、学历,最后是门当户对。

（3）当代青年对婚前性行为持有更为包容的爱情道德观

他们认为性是一种个人化活动,不应该以道德和法律来衡量。虽然青年男女对性关系持比较开放的态度,但他们并不是性自由论者。性行为的一个最基本的前提是男女间存在着爱情,但是否有合法的婚姻形式则不被看作是一个重要的条件。

3. 成年期个体的婚姻特点

对于大多数处于成年期的青年而言,恋爱双方最终会走进婚姻的殿堂。青年在婚姻中使爱情得到升华,体验着生活的喜乐。现阶段我国成年早期个体的婚姻具有以下特点。

（1）为爱而婚

为爱而结婚的想法是我国成年早期个体婚姻思想的主流。肖武等的研究(2016)表明,结婚的最重要目标已经不是"生儿育女",更不是"两性需求","相互扶持"和"因为爱情"才是结婚的最主要目的。

（2）结婚是投资

对于婚姻的选择,被不少青年人视为投资行为,甚至是投机行为。婚姻在承载爱情的同时,人们更多地希望它是生活的保障,在现实中日趋功利化。很多人看重收入、职业、有无房车等与经济实力相关的条件,借助婚姻改变自己在家庭、社会的地位,这种急功近利的心态也为今后的婚姻生活埋下了隐患。

（3）特殊的非婚关系——试婚

试婚是指男女双方以婚姻为目的、未经法律允许和道德约束,带有试验性质的同居行为。试婚这种特殊现象在我国悄然流行,甚至渐成时尚。当前,我国大学生婚前性关系发生率呈上升趋势,一些大学生租房同居也是公开的秘密。不能否认,大多数试婚者的最初动机都出于渴望日后有个幸福美满的婚姻。但由于各种社会的或自身的原因,他们对婚姻暂时还缺乏一定信心,所以决定在正式登记结婚前同居生活一段时间,彼此熟悉,彼此磨合,彼此适应,以确定这桩婚姻对自己和对方是否合适。试婚既然是"试",就会有两种结局:要么成功地走向幸福的婚姻,要么以失败告终。

(4)独身主义

独身主义是指个体在生活能力上、生理上完全可以结婚,但由于不愿意承担家庭的负担或感情遭受挫折而自愿地保持单身。由于经济和物质条件的宽裕,现代社会中的独身群体逐渐扩大。一部分青年人,他们追求个性解放和生活自由,拒绝婚姻,拒绝家庭;另外一类青年人,他们不排斥婚姻,不拒绝爱情,但是他们是完美主义者,会把婚姻理想化,对配偶过分挑剔,因此宁愿独身也绝不勉强自己;还有一部分人认为,独身而不禁欲才是最佳人生方案。

(5)特殊婚姻现象

近年来,"闪婚""裸婚"等行为成为青年婚恋中一种新奇并愈演愈烈的现象。"闪婚",研究者认为,这一现象的出现,根本原因是婚姻性质从家庭到个人的转变,结婚不再是两个家庭的结合,而只是两个人的结合,婚姻成为一种个人行为。

"裸婚"是当代青年走进婚姻中最新潮的一种结婚方式,他们"没房、没车、没钻戒、没婚纱、没存款、没婚礼和没蜜月",用诸多的"无"来诠释节俭的结婚方式。它与经济、社会因素有关,又受个人选择的影响。不同于中国传统家庭理念,现代年轻人越来越强调婚姻的自由和独立,"婚礼"在年轻一代婚姻中,被重视的程度日益削弱,甚至"隐婚"现象也时有出现;另外,目前婚姻成本较高,无房、无车、无存款的"三无人员"过多,在这样背景下,"裸婚"日益展露苗头。研究者表示,尽管"裸婚"在更多情况下是一种无奈,但被认为是回归婚姻本质的表现和婚姻走向文明进步的标志。

(四)成年期个体的职业

1. 职业发展理论

工作是一个重要的自我认同途径,它可以提供一种日常生活的结构,提供人际交往的背景,提供获得社会地位和自我实现的机会。

(1)霍兰德的人格类型理论

霍兰德(J. Holland)从人格特征与职业匹配的角度提出了职业选择的观点。他认为对工作做出明智的选择,并且能够取得理想的工作效果,不仅要深知自己的兴趣和能力等人格特征,还要了解工作环境的特点与要求。如果人格与职业环境匹配度高,个体就会喜欢该职业,会在职业道路上稳定地走下去;如果人格与职业匹配度低,个体工作会不愉快,更可能更换职业。他通过对特定职业、职业环境特点中成功个体的人格特征和兴趣的研究,提出了人格—环境适应性模型。

(2)金斯伯格的职业选择发展理论

金斯伯格是美国著名的职业指导专家,在对人的职业生涯发展进行长期的分析和研究后,提出了职业生涯发展阶段理论。金斯伯格通过对人的童年到青少年阶段职业心理发展过程的研究,将个体职业心理发展分为幻想期、尝试期和现实期三个阶段,具体如下。

①幻想期

这一阶段是处于11岁之前的儿童阶段。这一时期的儿童已逐渐地获得了社会角色的直接印象,他们对自己经常看到或接触到的各类职业都感兴趣,并充满了新奇、好玩之感,幻想着长大要当什么。特别是他们在早期的游戏中,常常充分地运用各自的职业想象力,扮演他们各自所喜爱的角色。随着年龄的增长,游戏中所喜爱的角色得到初步强化,他们开始在日常服饰搭配、语言行动上对这些角色进行模仿。如果这种模仿得到了成人和伙伴的赞许、肯定,那么他们的这种开始萌芽的职业意识会得到强化。其特点是属于单纯的兴趣爱好与模仿;不考虑自身的条件和能力水平;不能形成与社会需要相适应的职业动机,完全处于幻想之中。

②尝试期

这个阶段是11～17岁的青少年阶段。此时,个体的心理和生理迅速生长发育,有独立的意识,价值观念开始形成,知识和能力显著增强,其特点是有职业兴趣,但会客观地审视自身各方面的条件和能力;开始注意到职业角色的社会地位和社会意义等。同时,这个时期个体对未来职业的认知可以分为四个阶段:一是兴趣阶段,是11～12岁,选择工作的依据是喜好和兴趣;二是能力阶段,是12～14岁,开始将所感兴趣的工作与自身能力做比较,也开始关注外在的因素,如职业、薪水、教育背景的差异;三是价值阶段,是15～16岁,开始注意选择职业所需要考虑的因素范围,他必须衡量与他的职业特殊嗜好有关的因素,并且以他自己的目标和价值观来衡量;四是过渡阶段,是17岁左右,开始从兴趣、能力、价值等主观因素转移到实际条件上,初步确定自己的职业方向,是个人发展的枢纽站。

③现实期

这个阶段是17岁以后的青年年龄段。个体即将步入社会劳动,能够客观地把自己的职业愿望或要求同自己的主观条件、能力以及社会现实的职业需要紧密联系和协调起来,寻找适合自己的职业角色。这个时期所希求的职业不再模糊不清,已有具体的、现实的职业目标,表现出的最大特点是客观性、现实性、讲求实际。现实期分为三个阶段:一是试探阶段,对尝试期初步确定的职业方向进行各种职业的试探活动,如调查、访谈、参观、考察、查询、咨询等,了解职业发展方向及就业机会,为选择职业生涯做准备;二是具体化阶段,对职业试探活动中的某些结果,结合自己的情况进行比较分析,再一次缩小职业选择范围,使自己的职业选择方向更加具体化、明确化;三是专业化阶段,对个体职业发展的专业方向进行确认,并以实际行动投入到目标变为现实的行为过程中去,包括选择专业院校学习和直接对工作单位进行选择。

职业发展理论的提出,打破了历来将职业选择看作是个人生活在特定时期出现的单一事件的观点,明确指出人的职业选择是一个不断发展的过程,职业规划要研究人的职业心理发展阶段,根据人的职业发展成熟程度,通过日常的有意识的教育工作来进行。但是,也曾经有人对金斯伯格的理论提出批评:一方面,这只是一个描述性的理论,他对促使职业发展的过程提供的指导较少,给职业咨询提的建议也比较少;另一方面,研究被试大部分都是白人男性,能否推广应用到其他人群还值得商榷。

(3)舒伯的职业生涯发展阶段理论

20世纪50年代初,美国著名生涯研究专家舒伯参照布尔赫勒的生命周期理论和列文基斯特的发展阶段理论,提出了一种新的职业生涯发展阶段理论。他认为人的生涯发展是一个连续不断、循序渐进、不可逆转的动态过程,是一个有次序、具有固定形态的可预测的过程,每个人各有其不同的能力、兴趣和个性,因此人都有适应从事某种职业的特性。舒伯根据人的身心特点、发展任务等的差异,将人的职业发展分为五个阶段。

①成长阶段,由出生至14岁。该阶段的孩童开始发展自我概念,开始以各种不同的方式来表达自己的需要,并且经过对现实世界不断的尝试来修饰自己的角色。这个阶段发展的任务是:发展自我形象,发展对工作世界的正确态度,并了解工作的意义。这个阶段共包括三个时期:一是幻想期,为10岁之前,以"需要"为主要考虑因素;二是兴趣期,为11~12岁,以"喜好"为主要考虑因素;三是能力期,为13~14岁,以"能力"为主要考虑因素,能力逐渐具有重要作用。

②探索阶段,处于15~24岁。该阶段的青少年通过学校的活动、社团休闲活动、打零工等机会,对自我能力及角色、职业作了一番探索,因此选择职业时有较大弹性。这个阶段发展的任务是:使职业偏好逐渐具体化、特定化并实现职业偏好。这个阶段共包括三个时期:一是试探期,为15~17岁,考虑需要、兴趣、能力及机会,作暂时的决定,并在幻想、讨论、课业及工作中加以尝试;二是过渡期,为18~21岁,进入就业市场或专业训练,更重视现实,并力图实现自我观念,将一般性的选择转为特定的选择;三

是尝试期,为 22～24 岁,选定工作领域,开始从事某种职业,对职业发展目标的可行性进行试验。

③建立阶段,处于 25～44 岁。由于经过上一阶段的尝试,个体在该阶段能确定以后的职业,并谋求发展,获得晋升。这个阶段发展的任务是统整、稳固并求上进。这个阶段又可细分为两个时期:一是尝试期,为 25～30 岁,个体可能会对初次选定的职业不满意而屡次变换,也可能对此满意而无变换;二是建立期,为 31～44 岁,个体致力于工作上的稳固,大部分人处于最具创意时期,由于资深往往业绩优良。

④维持阶段,处于 45～64 岁。这个阶段是升迁和专精阶段,个体已经不再考虑变换职业工作,力求维持已经取得的成就和社会地位,同时会面对新的人员的挑战。

⑤衰退阶段,处于 65 岁以上。由于生理及心理机能日渐衰退,个体不得不面对现实,从积极参与到隐退。这一阶段往往注重发展新的角色,寻求不同方式以替代和满足需求。

在以后的研究岁月中,舒伯对发展任务的看法又向前跨了一步。他认为在人一生的生涯发展中,各个阶段同样要面对成长、探索、建立、维持和衰退的问题,因而形成"成长探索建立—维持—衰退"的循环,如此周而复始。它表明人的生涯发展各个阶段事实上还嵌套着小的循环,揭示了生涯发展中不为人们所关注的又一规律,认识这一规律,有助于我们把生涯发展做得更细,准备得更加充分。

在 20 世纪 80 年代,舒伯提出了一个更为广阔的新概念,即生活广度、生活空间的生涯发展观,即在原来发展阶段理论之外,加入了角色理论,将生涯发展阶段与角色间的交互影响描绘成一个多重角色的生涯发展。在这个发展理论中,生活空间属于空间的向度,指发展历程的各个阶段中个人多扮演的各种角色,而生活广度属于时间向度,两者交汇形成生涯彩虹图。

在生涯彩虹图中,横向层面代表的是横跨一生的"生活广度",在彩虹的外层标示出了人一生主要的发展阶段和相应的大致年龄。纵向层面代表的是由一组角色组成的"生活空间",它描绘了生涯发展阶段与角色间的相互影响和发展状况。而个人在不同时期对不同角色的投入和重视程度,则以每一道彩虹深浅不一的颜色表现。生涯彩虹图直观地在同一张图上展现了个人生命的长度、宽度和深度,阐释了个人特征与职业匹配的动态过程,并将制约个人职业选择和发展的心理因素、社会因素有机地结合在一起,对职业生涯发展的研究具有较高的理论价值和实践价值。

2. 成年期个体事业发展的特点

追求事业上的成功是成年期个体职业发展的总特点。具体表现为以下几方面。

(1)事业的选择

选择事业是事业成功的开始,但是职业选择并不是一件容易的事。它是一个认识自我和社会的过程,涉及个体及社会诸多因素的影响。

职业兴趣是指人们对即将从事或正在从事的某种职业活动的喜爱程度,是影响职业选择的一个重要因素。美国著名的职业指导专家霍兰德(John Holland,1959)认为兴趣属于广义的人格,它是人格中对职业影响最大的部分,是匹配人与职业的依据。他在长期职业指导实践的基础上提出了著名的职业兴趣理论,将人的兴趣类型分为六种:社会型、企业型、常规型、现实型、研究型、艺术型。大多数人可以归于六种兴趣类型中的一种,现实中也有六种与之对应的职业模式,人们倾向于寻找和选择那种能发挥个人能力,实现自身价值的职业环境。

有利于个人发展是成年初期青年择业时的一个显著特点。自我实现的需要是人的一种高级需要,对于刚刚步入社会的青年人来讲,职业是他们实现人生理想的基础。青年人往往选择自己喜欢和愿意干的职业,希望能在职业中发挥自己的特长,能把自己所学到的知识应用到职业中去。

另外,现代青年的择业观也不再是一次选择定终身,而是朝着多元化方向发展。他们勇于接受时代的挑战,能够根据自身的性格、能力以及兴趣适时地调整个人的职业目标,这对于人才的合理配置起到很大作用。青年也在不断的调整中充实和完善自己,从而为社会做出更大的贡献。

(2)职业的价值观

职业价值观是人们对于职业的一种信念和态度,或是人们在职业生活中表现出来的一种价值取向。成年期个体在事业上是否成功,往往与职业的价值观联系在一起。实用主义是大多数现代青年职业发展中的价值取向。现代青年择业观不再是过去那种重利轻义的传统观念,而是把对经济利益、社会地位和自身价值的追求放到了突出的位置。他们以全新的思维方式去面对生活,不安于现状,不迷恋固定职业,不为从事传统所尊敬的职业而牺牲个人的兴趣和才能,如果能为自己获得更好的发展机会和生活条件,他们可以到社会需要的任何地方去工作。现代青年在择业时已经不再注重虚无的名望,而是带有强烈的实用主义色彩。

(3)职业心理准备

对于刚刚步入社会的青年来讲,良好的职业心理准备是追求事业成功的基础。职业心理准备主要包括以下几方面。

第一,准确把握职业的意义。

第二,充分了解和认识社会。

第三,认识自己,准确定位,扬长避短。

第四,培养自己主动和积极的竞争心理,需强化择业的自主意识。

第五,发展职业需要的技能和品质。

第六章 中年时期的心理发展研究

中年时期,又称中年期,这一时期是人生的转折期,人们会走向衰老,这包括原发性衰老与继发性衰老,中年期也是压力较大的时期,在这一时期也会出现一定的心理问题。本章即对中年时期的心理发展进行研究。

第一节 中年时期的身体和认知发展研究

一、中年期脑和神经的变化

人到中年,大脑皮质表面积逐渐缩小,脑神经细胞数目随年龄增长而减少,因而脑的重量减轻。神经细胞内出现"消耗色素"沉着,神经纤维退行性改变,脑血流减少,核糖核酸在神经细胞中逐渐减少,尤其在 50 岁以后,致使脑组织必不可少的脑蛋白合成减少。因此脑神经开始衰退,近记忆力逐渐下降,而远记忆力尚存。更年期后脑神经细胞数目逐渐减少,但脑力活动和创造性思维能力并不见衰退,这一方面是由于人脑具有很大的潜力,大脑皮质的神经细胞可达 140 亿之多。另一方面,虽然"机械识忆"能力降低,但"意义识忆"能力却逐渐增强。在中年时期的最后阶段,大脑细胞可能不断减少,大脑逐渐萎缩,重量逐渐减轻,脑室渐渐扩大。其中脑脊液增多,脑组织内的蛋白质、脂肪、水分、核糖核酸等的含量及它们的转换率都随着年龄的增加而逐渐降低。由于脑细胞的一种代谢产物——褐色素,随年龄增加而增多,从而影响脑细胞的正常功能,导致脑力劳动能力降低,较易出现疲劳、记忆力减退、睡眠欠佳等情况。

二、中年期内分泌腺的变化

内分泌腺是指通过导管直接在血管内分泌一种叫激素的化学物质的器官。脑垂体(前叶)、甲状腺、胸腺、胰岛、睾丸、卵巢等都属于内分泌腺的范围。

(一)脑垂体(前叶)

脑垂体被称为腺体的首领组织,从前叶分泌出的成长激素有甲状腺刺激激素、促肾上腺皮质激素、性腺刺激激素等主要激素。除成长激素外,其他激素起着刺激其他内分泌腺,使其开始活动,并促进其活动的作用。如果脑垂体发生异常,那身体的发育必然要出现混乱。

(二)甲状腺

甲状腺功能从 20 岁以后即开始随年龄增长而逐渐减退。随着年龄的增长,甲状腺对碘的吸收率也相应降低,甲状腺合成的速度减慢。

(三)胸腺

胸腺既是一个免疫器官,又是一个内分泌器官。刚刚出生的婴儿胸腺重量为 10～15 克;14～15 岁时胸腺结实而肥大;到青春期,胸腺开始萎缩,但仍然能保持胸腺的能力;到了 45 岁,胸腺明显萎缩;70 岁时几乎已经完全被脂肪组织所取代了。

(四)胰岛

胰岛是胰腺中的内分泌组织,其中 β 细胞分泌的胰岛素直接参与糖代谢。在个体 30 岁左右,胰岛功能开始下降,进入更年期后,表现为对葡萄糖的耐受量少,功能减弱更为明显。进入更年期,糖尿病的发病率显著增高,而且随年龄的增高不断上升。

(五)睾丸

男性自40岁之后,睾丸重量就开始逐渐减轻,50岁以后体积也缓慢缩小,至60岁以后就明显缩小。不过,睾丸组织生理性退化的年龄与速度常常是因人而异的,早的在40岁以后就开始了,迟的50岁以后才出现,并随年龄增长而加剧。

(六)卵巢

卵巢是女性的主要性腺,其产生的主要性激素是雌激素,其相应功能的主要外在表现是月经周期性来潮。稳定的雌激素的作用持续至40岁左右,有排卵的周期性月经约维持30年;此后,排卵减少,妇女进入更年期。进入更年期的妇女,性腺功能逐渐衰退,生殖能力大为下降并很快停止,绝经并出现生殖器官以及所有依赖性激素的组织萎缩。

三、中年期心血管的变化

中年以后,随着年龄的增加,生理活动及其正常社会活动减少,心脏的体积和重量趋于减少,心内膜渐趋增厚和硬化,瓣膜也会逐渐变硬、增厚,心肌收缩功能下降,排血量减少。动脉壁内钙含量增加,弹性纤维变性,胶原纤维增加,造成动脉壁弹性下降,动脉内壁可逐渐出现程度不同的粥样硬化斑块。所以,动脉管腔容易变窄。因此,从中年开始,心血管疾病的发病率逐渐增多。

四、中年期骨组织的变化

随着年龄的增长,骨的生存和吸收速度也不断发生变化。在生长的发育期,骨的形成率和吸收率均高,表明骨的工序代谢活跃；成年以后吸收和形成都明显减少,骨的结构和成分处于稳定状态;25~30岁以后,骨的吸收过程开始超过骨的形成过程;再以后,无论男女,骨质含量都将随着年龄的增长而逐渐减少。其中身材高大的骨质丢失较慢,女性骨质丢失比男性发生得早,进度也快。

五、中年期听力的变化

听力的敏锐度在中年期也开始有所下降,这通常在50多岁时发生。中年期听力下降的原因包括两方面。

第一,衰老。随着年龄增长,耳内的毛细胞数量减少,耳膜的弹性下降等,都会减损听力。

第二,环境因素。如果所从事的职业长期接触高噪声,就会比较容易造成听力下降和听力的永久性损伤。

听力的损失首先表现在对高频声音的感知上,在听力的减损方面,男性比女性更为明显,这一性别差异大概是从55岁开始的。

需要指出的是,听力敏感度的下降并不会明显地影响大多数的中年人,他们在生活中也很容易对听力下降带来的不便进行弥补,比如调高电视机的音量、要求别人说话时声音大一点、听人说话时更加集中注意力等。而且,由环境噪声带来的损伤也可以通过带耳塞、耳罩等来避免。

六、中年期视力的变化

与年龄有关的视觉问题主要有五个方面:近距离视力、动态视觉、视敏感、视觉搜索和视觉信息的加工速度。最常见的是,大约从40岁开始,视敏度会下降。眼睛的晶状体形状发生变化,弹性下降,眼睛难以将图像聚集于视网膜,并且,晶状体日益变得混浊,透过眼睛的光线也减少了,所以,中年人看东西时需要更高的亮度来补偿。此外,中年期视力上还有一种变化是近距离视力的损失,即眼睛成为"远视眼"。即使是那些之前视力正常、没有戴过眼镜的人也会发现,为了看清楚文字,必须把阅读材料放到远一点的地方才行了。最终,老花镜成了随身必备之物。

七、中年期性与生殖功能的变化

性生活仍然是大多数中年人日常生活的重要部分,性的欢愉能够持续整个成人期。尽管性行为的频率随年龄增长而下降,但是性快感对大多数中年人来说仍然很重要。

(一)女性更年期

女性大约在45岁开始进入更年期,更年期最明显的标志是绝经,它意味着女性由能够生育向不能生育的转变。大多数女性在四十七八岁时月经开始变得没有规律,频率下降,之后如果一年内没有来月经,就可以认为是已经绝经。调查显示,那些吸烟的女性或从未生育的女性,绝经会来得更早一些,而在经常锻炼的女性身上则会姗姗来迟。

更年期的激素变化会引起一系列的症状,其中潮热最为普遍,即一些中年女性会感到腰部以上的身体突然发热并流汗,之后感到寒冷。此外,生殖系统的不适表现为阴道干燥,性欲减退,性交疼痛或白带增多,外阴痛痒等。此外,有关的变化也可能包括骨关节痛、腰背痛、肌肉痛、脊柱后突和行走困难。

(二)男性更年期

男性的更年期大约出现在中年后期,尤其是在50多岁时,此时生殖系统的变化引起了一系列的变化。这时,中年男性的睾丸激素和精子生成量持续下降,但是他们仍然具有生殖能力。而且,对一直有性生活的健康男性而言,睾丸激素量的减少是微乎其微的。中年期一个容易发生的生理变化是前列腺增大。前列腺增大会引起小便困难,包括排尿困难和夜间尿频等。此外,随着男性的衰老,性问题也开始增加,尤其是勃起功能障碍更加常见,即男性不能达到或维持勃起的障碍。随着医疗科技的发展,已经有一些药物有助于治疗这一问题。

八、中年期智力的发展

(一)夏埃的智力理论

夏埃(K. W. Schaie,1989,1993)提出了智力发展的阶段性理论。他认为个体的认知变化贯穿整个成年早期及其以后的岁月,认知发展具有阶段性,夏埃的智力发展分七个阶段。

1. 获取阶段

儿童和青春期个体的思维处于获得新知识的阶段。个体主要的认知任务是获取信息,这些信息的获得是为了未来的使用。

2. 实现阶段

出现在成年早期。个体的主要认知任务是运用所学的知识完成与未来职业目标、家庭以及社会相关的问题。个体必须面对和解决各种与未来发展有关的问题以及做出重要的决策。

3. 责任阶段

出现在中年时期。个体认知技能的运用主要体现在社会责任方面,主要任务是履行义务和承担责任,具体表现在家庭、团体、工作和社会事务中。

4. 执行阶段

组织机构中的领导者是执行阶段的个体。他们将个人能量用于组织机构的维持和发展上,承担更重的责任,不仅要关注组织的过去、现状和未来,还要了解组织的人员构成;不仅要规划组织未来的发展,还要关注组织决策的执行情况。

5. 重组阶段

重组阶段出现在成年后期。老年人需要承担的社会责任渐渐减少,获取知识的需要减弱。他们的主要任务是获得个人意义,知识获得和应用主要集中于兴趣、态度、价值方面。他们不再关注用于解决问题的知识获得,不会将宝贵的时间浪费在对他们来说没有意义的事情上。

6. 重整阶段

受认知功能的限制,老年人仍然会参加一些社会活动,但是,他们的选择通常集中于对自己最有意义的事件上。如未来几十年,积蓄如何花费;回顾自己的一生,思索所作所为的人生意义;不得不依靠别人生活时,如何保持高质量的生活;如何获得家人和他人的支持。

7. 遗赠创造阶段

人生辉煌的老人会自己或请他人撰写自传;即将步入生命尽头的老年人会评价自己的一生;交代财产分配、葬礼、捐赠等事宜。这些任务的完成需要一定的长时记忆、言语表达、判断等认知能力。

(二)智力发展的特征

智力的发展具有显著的特征,概括来说主要包括以下几方面。

第一,成年期各种智力能力随年龄增长而变化并不存在统一的模式。从25岁开始,成年人的某些智力持续下降而某些能力则相对稳定。

第二,对大多数人而言,67岁之前,个体的某些能力会小幅度地下降,80岁以后,才会很明显地下降。

第三,智力随年龄增长而变化的趋势存在明显的个体差异,有人下降得早,有人下降得晚。

第四,环境和文化是影响智力下降程度的重要因素。

(三)影响中年人智力发展的因素

影响中年人智力发展的因素主要包括以下几方面。

1. 身体因素

人的大脑发育一般在成年初期达到成熟水平,之后随着时间的推移,各种对大脑有害的刺激所产生的消极效应越来越多,当消极效应积累到了一定水平之后,就会导致脑神经机能的退化,进而影响到智力活动。

中年后期,心脑血管疾病的发病率开始明显升高。心脑血管病变会直接影响到大脑的血液供应,导致供血不足,从而减少大脑的营养供应,进而影响脑功能的发挥。当这种影响变成长期存在的现象时,必然要损害当事人的智力。

2. 社会历史因素

由童年期发展到中年时期,要经历几十年的发展历程,期间要经历很多社会历史事件,有些历史事件有很强的时代性,给从那个时代走过来的人以极其深刻的影响,以至于使他们形成特征性的认知模式和智力发展特点。这种现象就是发展心理学领域中常常提到的"群伙效应(同层效应)"。研究表明,社会越进步人们的医疗保健条件越好,受教育的机会和水平越多越高,大众媒介与科学技术对人的影响越大,基本心理能力水平就越高。因此,人类认知的发展水平总是越来越高。

3. 职业因素

对于一个中年人来说,工作是其最基本的活动,每个工作岗位对从业人员的能力有一些基本要求,长期从事某一职业反过来又会使从业人员的能力得到发展。例如,长期从事管理工作的人,他们善于调动和利用群众的积极情绪,善于协调和处理复杂的人际关系,组织领导能力会得到发展。长期工作在高炉前的炼钢工人,能从炉中火焰颜色变化,正确判断壁炉温度的变化。

职业对个体智力活动的影响在于职业活动的性质。如果所进行的活动要发挥个人的主观能动性,需要运用个人的思考,需要个人进行独立判断等,那么这种职业活动则有利于智力的发挥,从而对智力的发展产生积极的影响。反之,那些简单的、机械的、重复性的职业活动,则对智力发展的促进作用不大。

需要注意的是,职业活动对智力的影响不是一朝一夕达到的,需要相应的工作知识经验的积淀、积年累月的练习,精心研究、深入探索,才可能影响相应的认知活动。个体进入职场后并不会立刻表现出智力的变化,只有在工作若干年后,进入中年时期,成为某个工作领域的熟手,才会表现出职业对智力的影响。

九、中年期创造力的发展

在以往创造力发展的基础上,中年期个体的创造力获得了进一步的发展和完善,并且在较长时间内保持很高的水平。概括来说,中年期创造力的发展具有以下几个特点。

(一)早成性与持久性

早成性是指个体在比创造高峰年龄要小很多的时候便开始作出创造性的贡献。持久性指的是个体在很长时间内一直保持较高的创造水平,甚至到了晚年仍作出不少有创造性的成果。研究表明,表现出早成性的个体更易表现出创造的持久性。

(二)创造的社会化因素更强

中年期所经历的过程极为复杂,在这一过程中社会的各种因素对成人创造力的影响是不容忽视的。文化资源富足、容许个体独立自由的环境是个体创造力展现的温床;相反,贫乏而多方限制的环境会使创造动力严重受挫。

(三)创造的高峰期

研究表明,创造力的高峰从青年开始一直持续到成人期很晚的时候,即使在老年期,仍然有人会做出重要的发明创造。在大多数领域中,从 20～30 岁后期以及 40 岁早期,创造性成果急剧增加。之后,呈现稳步下降趋势,但是仍没有达到成年早期时的低水平。

(四)创造力发展的差异性

中年时期,由于遗传素质、社会环境的差异以及个体的认知过程和非智力因素发展的不均衡性,创造力的发展也表现出性别差异、发展程度差异和学科差异等。

第二节 中年时期的心理社会性发展研究

一、中年期情感的发展

中年期作为人生历程中的一个阶段,由青年而来,向老年而去。中年人是社会的中坚力量、家庭的支柱,与其他阶段相比,家庭生活与事业活动成为他们情绪与情感变化的重要方面。

(一)婚姻家庭中的情感

1. 家庭的性质

从家庭的本质属性来看,家庭其实是家庭成员之间相互依赖的一个关系系统。孩子接受父母的养育和照料才能成长,父母通过满足孩子的过程满足了自己"母性"的需要。随着孩子的成长,相互依赖的平衡关系也会随之逐渐发生改变,直到最后的孩子长大成人、离家,并组成新的家庭。当父母开始变老之时,会越来越依赖孩子。

2. 婚姻关系的概念与特征

婚姻关系是指男女两人通过合法的婚姻登记手续,在一起共同生活而形成的夫妻关系。正常的婚姻关系有着如下几方面的特征。

(1)男女双方以合法的形式实现两性的结合

由于性关系受到法律的保护和道德限制,因此,男女双方的性满足就成了他们结为夫妻的最重要的因素。从一般的关系来看,性生活是最亲密的肉体接触。有这种关系的男女,因为其亲密性而构成特别的关系,从而形成夫妇之间推心置腹的相互依赖性。即便这种肉体上的接触缺乏精神上的爱恋,它至少也能产生生物性的亲密感。如果夫妻双方在精神上也能相互爱慕,又保持经常性的肉体接触,那么他们相互之间必然产生纯朴真挚的亲密感。人到中年,性功能开始逐渐下降,所以如何通过心身的调节,始终保持对配偶的性兴趣,从而维护已形成的亲密关系,是中年期面临的重要任务。

(2)生儿育女

中年人的婚姻是在漫长的养育儿女的过程中度过的。一个家庭,因为有了孩子才更富有生机和希望。夫妻二人只有分别体验了养育孩子的甘苦以后,婚姻关系才会变得更加成熟,个性才会得到进一步完善。

(3)夫妻双方在社会、经济和生活上被视为一体

由于是夫妻,所以在社会活动以及经济往来中,自然被人们视为一体,而不管他们实际的感情状况如何。

需要说明的是,在现实生活中,不一定所有夫妻的婚姻关系

都具备以上三个特征,但它确实是多数正常婚姻关系的基本特点。

3. 婚姻关系的演变

目前,我国多数家庭的婚姻关系还是遵循传统的线性模型,即从结婚到孩子出生、成长,再到空巢、退休和死亡,然而随着离婚率的逐渐升高,一些家庭会偏离这样的线性发展模式。

(1)以子女为中心

从第一个孩子出生到最后一个孩子离家独立。夫妻之间开始了以子女为中心的新的婚姻关系。这段时间,他们强烈感觉到为人父母的责任和义务。不可否认,有人认为孩子出生后的一段时期可能会降低夫妻双方对婚姻的满意度,多数父母还是认为有孩子的好处多于因孩子带来的不便。多数父母认为孩子是爱的源泉,是联系家庭的纽带;年老的一些父母更多地认为自己在年老时,孩子能给自己提供帮助和安全感;年纪较大的父亲则认为孩子给自己创造了做体面人的机会,强化了自己努力工作的意义;孩子的存在可以提高婚姻的稳定性。

(2)空巢期

最小的孩子成年后离家,夫妻双方重新过起二人世界的生活,被称作空巢期。一般来说,这个时候夫妻的年龄在45~50岁之间,他们要面对一个新的适应问题,即如何面对家庭空巢期的生活。在此阶段,多数妇女进入了绝经期,意味着夫妻自然生殖的年龄已经结束、夫妻间的关系也随着抚养活动的减少而发生改变。父母们会发现,他们又回到了"丈夫和妻子"的位置,而不再只是"父亲和母亲"了,多数夫妻通过对婚姻的这种重新审视过程,可以使夫妻之间的关系变得更加亲密。当看到孩子所形成的自己的生活风格时,父母可能会开始对其做父母的显现进行回顾和评价。父母通常会为子女的成就感到高兴,孩子的独立,使他们能够用自己的经济来源重新构建属于自己的生活风格,所以多数父母并不畏惧空巢期的到来。然而,有少部分父母,尤其是原来没有工作一直做家庭主妇的母亲们,她们一直以来通过照顾自己的孩子来认同自己的价值,当孩子离开父母独立生活后,她们会忽然间感到失去了生活的方向,感情没有了着落。当这种情绪问题长期得不到解决时,可能诱发一系列身体不适。另外,对于一部分原本夫妻感情不和的家庭,孩子的独立恰恰成了他们终于可以离婚的最好时机。

(3)离婚

有一部分夫妻由于种种原因,不得不离婚。导致中年人离婚的原因主要有以下几个方面。

第一,性生活不协调。我国精神医学专家钟友彬在长期的心理咨询工作中发现,很多离婚者在说明离婚原因时,往往以性格不合为托词,其实他们离婚的真正原因恰恰是难以启齿的性生活不和谐。

第二,性格不合。婚前夫妻双方更多地注重了对方外在的东西,而对彼此的内涵注意不够。结婚后才发现个人的兴趣、爱好、价值观、对他人的态度等存在很大差距,因此不得不离婚。

第三,婚外情。配偶一方发生婚外情,而另一方不能忍受婚外情关系的长期存在,最终不得不分手。

第四,非婚生子女的介入。再婚后,双方的子女搅到父母的关系中来,造成这样或那样的矛盾,最终导致婚姻的破裂。

离婚会对当事人的心理和生活产生各种负面的影响,这主要包括以下几方面。

第一,对心身状态的影响。离婚常常会影响睡眠和健康状况,使记忆力和工作能力下降,有些人可能陷入深深忧郁。

第二,性饥饿。离婚夫妻在他们离婚之前早已经不"同床共枕"了,所以离婚者多数为性不满足者。

第三,人际关系系统遭到破坏。离婚后原有的人际关系系统遭到破坏,原来的很多朋友不再可能成为朋友,亲戚也不再是亲戚。

第四,对孩子的不利影响。离了婚的父母会感到对孩子歉疚而过分迁就他们的过错,或者因生活的拖累而对孩子放任自流,久而久之便使孩子的发展出现一系列的行为偏差。

(4)单亲家庭

在中国,随着离婚率的提高,单亲家庭的比例也呈逐渐上升的趋势。单亲家庭同已婚夫妇组成的家庭最大的区别就是缺乏经济来源,常常陷入贫困阶层。多项研究表明,在离异单亲家庭环境成长的孩子,总体心理健康水平显著低于完整家庭的子女,多存在着自卑自责、冷漠孤独、对人焦虑、冲动等问题。

(二)职场生活中的情感

1. 工作是获得创生感的源泉

根据埃里克森(Erikson)的观点,中年期正好是获得创生感、避免停滞感的发展阶段。创生不仅指生儿育女,职业上的成功也是获得创生感的重要途径。通过工作,他们不仅生产出了大量的物质产品和精神产品,而且还将自己的知识和经验传授给年轻的一代,通过工作的成就,获得创生感而避免停滞感。因此,从某种意义上讲,如果一个人长期没有工作将会影响个人心理的成熟和发展。

2. 工作是获得成就感的重要源泉

对于中年人来说,个人所从事的职业已经跟自我融为一体,成为其自我意识的重要组成部分。中年期是个人依赖事业发展的情况进行自我评价的时期。他们往往用当前的成就去跟既定的奋斗目标相对照,如果基本实现了既定的目标,就可能感受到自我满足,形成积极的自我意识。相反,如果认识到没有或不可能实现既定的奋斗目标,就可能重新评价原来的目标,并重新评价自我。

3. 职业生活与家庭生活相互影响构成生活的主旋律

对于大多数人来说,中年期代表了成功和权利的顶峰,同时也是人们投身于休闲和娱乐活动的时期,中年人不再感到必须在工作中证明自己,他们重视自己能为家庭、社会做出贡献,他们可能发现工作和休闲相互补充,增强了整体幸福感。

从世界范围来看,人到中年,以夫妇共同工作(双职工)方式来维持家庭生活是一种普遍的生活模式。在家庭生活和职业生活之间,既有积极的相互影响,也有消极的相互影响。如何平衡职业生活与家庭生活的关系,是中年人面临的重要课题。

4. 仍然存在职业变动要求

中年时期,虽然职业角色进入相对稳定的阶段,但是仍然面临变动职业的需要。在西方国家,一个人一生要有多次的工种和工作单位的变动,在个人能力和精力最强的时候,可能有最好的工作单位和职业,随着能力和精力的变化,相应工作单位和职业将会随之变动。我国在改革开放以后,随着社会主义市场经济体制的完善和竞争机制的广泛引入,对于中青年人来说,岗位、单位、职业的变动已经越来越频繁。在中年时期,至少有以下四个方面的原因可能会使个人的工作活动或工作目标发生变化。

第一,现有的工作岗位不能给自己带来愉悦的心情和成就感。

第二,某些职业在中年时期将终止。例如职业运动员到了中年时期,他们的体力、耐力、速度都难以使他们胜任职业运动员的工作,从而使他们不得不改行从事其他工作。

第三,个人能力素质的提高没有跟上工作岗位和职业发展的要求导致本人的岗位被新人所取代。

第四,由于劳动力结构重组,有些员工被解雇而且不能在这一领域再重新找到工作。

需要注意的是,为追求个人价值和成就感而主动变动工作的人,他们会把工作的变动看成是实现新的发展机遇,因此具有良好的心态,其中很多人因为工作的变动而获得新的成功。然而,被动地进行工作变动的人,往往成为失业者。

5. 仍然会面对失业的威胁

对于中年人来说,失业往往与物质的丧失、家庭生活的破坏以及婚姻矛盾增多相关联。中年父母一方失业后,孩子和配偶也常常受到严重的牵连,并且整个家庭也常常体验到与社会之间的疏离感。失业会对当事人的身体和心理产生消极影响,如自我怀疑、消极被动以及变得孤僻。研究发现,家庭针对丈夫失业所作出的某些调整会导致丈夫的自身重要感的进一步降低。家庭的鼓励和支持,对于缓解失业者的消极心态具有非常重要的作用。

6. 中年时期承载着巨大的工作压力

随着各种改革的深化,单位之间、个人之间的竞争将会愈演愈烈,因此,每个成年个体都要努力奋斗,才可能保住自己的工作,并在此基础上有所发展。现在的成年人越来越多地体会到"干什么都不容易",尤其是中年人会体会到更多、更大的工作压力。人到中年后,由于生活阅历的丰富、知识技能的成熟,使中年人成为技术的能手、管理的行家,财富的主要创造者和支撑社会的中流砥柱,成为推动社会进步和发展的主力军。因此,中年人面临着多重的角色压力,这主要包括以下几方面。

(1) 角色超载

角色超载是指个体的某个角色在有限时间内,承担诸多客观合理的角色期望,当自身时间和能力不能使其顺利完成预期的工作任务时,便会产生角色超载的紧张状态。根据资源保护理论,当出现角色超载时,会导致角色承担者透支自己的生理资源和心理资源去完成过量或过多的任务要求,长期如此则会对角色承担者的心理健康造成影响。

(2) 角色冲突

角色冲突是指中年人同时扮演若干个角色,各种不同角色的需求和期望之间相互发生矛盾冲突时,所造成的内心或情感的矛盾与冲突。例如,一个医生因为晚上要经常加班抢救病人而无法很好地履行丈夫和父亲的责任,这时"医生"这个角色同"丈夫""父亲"的角色发生冲突,结果会使个体对工作和家庭满意度的降低。

二、中年期人格的发展

中年时期,个体的人格发展已经相当成熟,具体表现出以下几个特征。

(一)中年时期人格相对稳定

总体上来说,中年时期的人格是比较稳定的。这种稳定具体表现在两个方面:一是人格结构的稳定;二是每种人格特质不会有强度上的大的变化。美国心理学家塔佩斯和克瑞斯托(Tupes和Christal,1961)使用词汇学方法进行的研究表明,在个体发展的大部分阶段中普遍存在着五个核心的人格维度,即神经性、外倾性、对经验的开放性、随和性和责任心,被称为"大五"人格。大量研究表明,"大五"人格特质在整个成年期是相当稳定的。但这并不意味着个体人格的变化是不可能的或者是罕见的。事实上,人格变化是普遍的,甚至在生命的最后几年也是如此。普通模式的缺乏只是表明当人格发生变化时,不同的人在不同的方向上发生变化,并且这时年龄因素对人格的发展变化已经不是主要因素,千变万化的生活环境因素成为影响人格变化的主要因素。工作20年后突然失业,个体因此会变得焦虑沮丧,缺乏信心。再婚后令人满意的婚姻会使当事人重新建立起乐观、自信、自我肯定的人格。所钟爱的人死去会突然增加当事人对其他人的责任感。然而,这些特殊的生活事件并不是每个同一年龄段的人都会经历到的。因此,心理学家把这类"事件"称作"非常规事件"。相反,像退休这类的事件却是对每个人来说都是在大约同一时间发生的,因此在某种程度上对人格有着普遍的影响,所以会导致在人格测量上有非常清楚的年龄的变化。

综上所述,就漫长的中年时期人格发展而言,一般性的变化基本上不存在,但个人的变化却因每个人的生活经历的不同而发生着相当多的变化,因此,如果说中年时期的人格是稳定的,那么这种稳定却是相对的稳定。

(二)中年时期的个体更加关注自己的内心世界

中年时期是瑞士精神分析学家荣格(C. G. Jung)非常关注的一个发展阶段。他发现许多中年人虽然在事业上取得显赫的成就,在社会上获得了令人羡慕的地位,有了美满的家庭,但是他们却感到心灵非常空虚,人生仿佛失去了意义。荣格认为这是在人生的外部目标获得之后所出现的一种心灵真空,他把它称之为中年危机。要想使中年人振作起来,就必须寻找新的价值来填补这个真空,扩展人的精神视野和文化视野。要做到这一点,就必须通过沉思和冥想,把心理能量转向过去所忽视的主观世界,由外部适应转向内部适应。因此,反思和内省成为中年人心理生活一个重要特色,中年时期的个体开始越来越关注自己的内心世界。

(三)性别角色进入整合阶段

每个人身上都存在与男女性别有关的相互独立的两个行为丛:即男性行为丛和女性行为丛。其中,男性行为丛的特点是胜任感,如计划、组织、统治以及取得成就的能力;女性行为丛的特点是情感方面,表现在关心他人、善良、依赖性以及培养。两种行为丛所占的比例不同,就使人表现出不同的人格特点。有些人两种行为丛都很高,这种特点被称为男女同化(或双性人格),被誉为"完美人格";有些人两种行为丛都比较低,被称为未分化(或未分类);有些人以男性化行为丛为主,被称为男性化;有些人则以女性化行为丛为主,称为女性化。美国心理学家莱文森(D. Levinson,1983)提出,在人的一生中性别角色的发展大致经历了三个阶段。

1. 未分化阶段

在人生的开始几年,性别角色处于一个混沌的、未分化的时期。

2. 高度分化的、适合性的阶段

在该阶段中,性别角色被严格地、极端地区分开来。

3. 整合阶段

在这个阶段中,先前两个处于极端阶段的性别角色逐渐整合为一体。

中年时期恰好处在第三阶段,即对中年男性来说,其男性行为丛的特点逐渐减弱,而女性行为丛的特点逐渐增多;对中年女性来说,其女性行为丛的特点逐渐减弱,而男性行为丛的特点逐渐增多。男女个体都向着"完美人格"的境界发展。

(四)对生活的评价更具有现实性

由于有了丰富的人生阅历,领略过诸多的经验和教训,又由于身体条件的一系列变化,使得中年时期个体的价值观、人生态度明晰而稳定。因此,同青年人相比,他们对社会、对家庭、对他人、对自己的认识更加深刻而客观,对生活的评价也就更具有现实性。尤其是对个人成就的评价,更加实事求是,知道理想、目标与现实的关系,能恰当地定位自己的动机水平,开始意识到要量力而行,尽可能不做超出自己能力范畴和物质条件的事情。

三、中年期人际关系的发展

(一)中年时期人际关系的特点

中年时期人际关系的特点主要包括以下几方面。

1. 广泛而复杂的社会交往

中年人所肩负的重大社会和家庭责任决定了他们必须具有广泛的社会交往，要同社会上形形色色的人员建立人际关系。要在同众多社会成员的交往过程中，完成自己肩负的使命。

2. 深刻而稳定的人际关系

在几十年的交往过程中逐渐形成了稳定的人际关系，这种人际关系充满了深刻的情感色彩，不会轻易被偶然因素所影响。

3. 小心谨慎的选择

同青年人相比，中年人同他人交往显得更加谨慎，不会轻易形成友谊，他们在长期的生活经历中形成了比较稳定的交友标准和处世原则。

(二)中年时期的职场人际关系

工作是中年人活动的基本组成部分，是其经济来源和成就感获得的基本途径。为完成工作，中年人必须处理好各种各样的人际关系。当前由于社会竞争日趋激烈，这种现实加剧了中年人人际关系的紧张和内耗。研究表明，职场中人际关系紧张是造成中年人心理应激的重要原因。善于处理职场中的各种人际关系，与人和睦相处、快乐地工作，在工作中产生朋友、形成友谊，也是中年人必须学习和掌握的一种能力。和睦的家庭成员之间的关系固然重要，但是对于个人的成长来说，朋友有时比家庭成员更重要，其原因包括以下几方面。

第一，朋友通常年龄相仿，他们更容易相互分享个人的特点、共同的经历和生活方式，这些相似性可以促使他们之间比家庭成员之间更能较好地交流和相互理解。

第二，家庭成员是给定的，而朋友是自己可以选择的。人们不能选择父母和兄弟姐妹，即使这种关系让人感到压抑。但他们却能根据自己的需要更换朋友。与家庭成员断绝关系很难,整个毕生的发展过程中,人们感到家庭成员比朋友更多地使人感到不安,而友谊带来的称心如意的感觉可以增强人们的自我尊重感和健康。

(三)中年时期的亲子关系

人到中年时,家庭中的很多关系会发生变化,孩子一点点长大了,成为更追求独立的青少年,成为能够独立生活的年轻人,而父母也在渐渐老去,需要照料。

1. 与青少年子女的关系

人到中年时,其子女往往也到了青少年期,他们在处理自己的种种问题时,还必须每天应付正在经历巨大身心变化的孩子。青少年由于身心发展的需要,会寻求独立自主,挑战父母的权威,而这也是其走向成熟所必需的。对父母而言,重要的是接受孩子的变化,而不是按自己的期望去限制孩子。对某些父母来说,孩子进入青少年期会带来更高的满足感、幸福感,甚至是骄傲。对大多数父母而言,青少年期正常的变化混杂着积极的情绪和消极的情绪。对女儿进入青春期的母亲而言,尤其如此,这时候母女关系一般会变得既亲密又充满冲突。追踪研究表明,如果母子关系和父女关系中缺乏接受性和温情,父母往往会更加投入工作,花更多的时间在工作上,以求从中有所补偿。

2. 与成年子女的关系

通常,在孩子进入成年期之后,亲子关系会改善,亲子关系会转变为朋友关系,对母亲而言变化可能更大。决定这种转变的一个关键因素是父母对孩子独立倾向的培养和支持程度。随着时间的推移,亲子关系中的亲密感会增加,而冲突会减少。在孩子离开家独自生活时,情感联系会被打断。孩子离开家,会留下所谓的"空巢"。这对那些基本上把心思放在养儿育女上的女性而言,会带来适应上的困难,她们会报告更多的悲伤及消极情绪;但是更多的人却觉得这是一种解放,觉得自己做自己喜欢的事了。成年的孩子离开家后,中年的父母通常每周都会与孩子进行联系,双方也会彼此给予支持和帮助。当然,在必要的时候,父母会给予孩子经济支持。生活过得不错的年轻人通常与父母保持亲密且令人愉快的关系,而父母会给孩子提供帮助,他们认为这对自己的孩子未来获得成功来说很关键。父母在孩子的成年初期一直会以各种方式来提供支持。不过,这种支持在孩子20岁以后会一直减少,直到孩子30岁时,孩子会与父母形成更为平等的关系,父母则从其他方面得到子女的回馈。他们经常为孩子所取得的成就感到骄傲,自尊也因孩子出息而得以提升。当然,也有一些父母由于自身的问题,或是经济的,或是个人的,而无暇顾及自己刚刚成年的孩子。

3. 与年迈父母的关系

中年人与其父母的关系通常随着时间的推移而改善。其中一个原因是,人到中年以后,尤其是他们回首自己的成长历程时,对与父母的关系会有更加平衡的看法。两代人都会承认过去犯过的错,都会给予宽恕。对那些已经体验过为人父母的人来说,尤其如此。通常,母女关系会比其他关系更加密切。随着青少年期的紧张关系渐渐逝去,女儿和母亲会建立起具有奖酬性质的亲密关系。女儿会因母亲的支持而受益匪浅,当女儿进入中年期时,她们对母女关系的看法会更加复杂,女儿爱自己日渐衰老的母亲,希望得到她们的支持,但是,她们也必须面对自己时间和精力有限的问题。所以,年迈的母亲对女儿的情感投入比中年女儿对她们的投入更多一些。成年儿女与年迈父母之间的相互帮助是其过去及当前家庭环境的反映。从前的亲子联系越积极,他们给予和得到的帮助就越多。同时,相互帮助的方式在成人期也发生了转变,父母给孩子以建议、帮着做家务、送礼物、经济支持等减少了,而孩子给父母的各种帮助却增加了。甚至在亲子关系已经疏远的时候,成年孩子也会出于家庭义务在父母渐老时给予更多的帮助。

对年迈父母的照料是一个两难问题。大多数成年孩子会有一种照料年迈父母的责任感,他们会觉得父母养育了自己那么多年,现在该回馈父母了。但是,这并不容易,年迈父母需要照料的时机并不是由成年孩子选择的。而且,日常生活规律和生活方式的潜在冲突非常大。在照料需要的知觉方面,两代人的差异也非常大,父母可能觉得不需要孩子管那么多,孩子的看法则可能截然相反。不过,在这一过程中,孩子心理上会有回报,双方的依恋会持续增长,会变得更加亲近,更能够接受对方的缺点,欣赏对方的优点。

4. 祖孙关系

成为祖父母有时候被看成衰老的标志,但是实际上很多人在中年期就会成为祖父母,当然,这首先取决于他们自己做了父母,然后再看孩子们是否决定生育。对绝大多数人来说,成为祖父母是一件有意义的事。

一般来说,从社会性及个人的维度可以对祖孙关系进行分类,社会性维度可以包括祖父母的社会需要及期望,个人维度包括作为祖父母而获得的个人满意度及得以满足的个人需要。比如,祖父母通过讲故事或提建议的方式,向孙辈传授技能、社会价值观、职业价值观等(社会性维度),他们可能会感到非常骄傲和满足(个人维度)。基于此,祖孙关系可以分为三种基本形式。

(1)陪伴型祖父母

比较独立自主,他们自己居住,有自己的生活方式。他们会决定如何与孙辈建立什么样的关系。他们会与孙辈一起玩,会非常宠爱孙辈,但是不会去管教孙辈。

(2)投入型祖父母

这种类型的祖父母会积极投入到孙辈的日常生活中。他们会和孙辈住在一起或住在附近,每天可以看到孙辈并提供大量的照料。他们对孙辈的言行举止具有明确的期望,他们对孙辈的生活具有较大的影响。

(3)疏远型祖父母

这种类型的祖父母和孙辈在情感上有距离,孩子及孙辈对他们抱敬畏之情。通常他们控制着家族的土地、事业或其他财富。他们自视为家长,有责任维护传统的价值观。他们与孙辈关系冷淡,保持距离,对孙辈几乎没有兴趣。

四、中年期的发展任务

(一)中年时期发展任务的相关理论

中年时期的个体处于人生的中段,是个体对社会影响最大的时期,也是社会向个体提出最多要求的时期,个体更要清晰地确定人生的后半段有些什么目标,来自于心理和社会的发展要求有什么,此即为发展任务。有关发展任务的有代表性的观点有如下几个。

1. 古尔德的观点

美国学者古尔德(R. Gould)认为对于中年人来说,与青少年子女教育,以及对老年父母的照顾和关系的维系是最重要的任务。在中年时期也存在痛苦,经过转折之后,个体会变得积极和快乐。他基于临床观察研究了524名16~60岁的白人,从个体与家庭的关系来建构自己的理论,认为有一个内部时钟决定了我们在成年期需要完成的任务,并将成人的发展分为七个阶段,认为中年期是痛苦的转折期。其中中年时期处于以下三阶段。

(1)第五阶段:34~43岁

在这一阶段,中年个体会觉得用于塑造儿女行为的时间或者生命持续的时间越来越少。成年人的父母会重新提出以前的要求,以帮助解决他们遇到的问题和冲突,但方式可能是间接的。

(2)第六阶段:43～53岁

在这一阶段,中年个体会感到一个人的生活不可能再有什么改变了。这个时期也会责备自己的父母对生活不知足,挑剔孩子的毛病,向配偶寻求同情。

(3)第七阶段:53～60岁

与40多岁时相比,这时在感情上变得积极起来。与配偶、父母、子女、朋友之间的关系变得和谐起来,自己也容易满足。

2. 埃里克森的观点

根据埃里克森的心理发展观,人的一生可以分为既连续又不同的八个发展阶段,中年期是人生发展历程的第七个阶段,其发展的主要任务是获得创生感(也称繁衍感),避免停滞感,这种发展任务主要来源于个体内在的发展变化。个体进入中年后,在努力引导和鼓励下一代、积极工作和创造价值的过程中体验到创生感。能够体验创生感的个体,他们的关注点就会超越自身,通过其他人看到自己生命的延续;反之,如果因为家庭、工作超出负荷,感到不能一如既往地竞争和创造时,个体体会到在这个阶段缺乏心理上的成长,往往感到精力枯竭、生活无趣,体验到停滞感。处于停滞状态的人倾向于关注自己的琐碎小事,因而无法感受到自己的价值。

3. 哈维格斯特的观点

美国学者哈维格斯特(R. J. Havighurst,1974)把中年期的发展任务归纳为如下七点。

第一,履行成年人的公民责任与社会责任。

第二,建立与维持生活的经济标准。

第三,同配偶保持和谐的关系。

第四,承受并适应中年期生理上的变化。

第五,开展成年人的业余、休闲活动。

第六,与老年父母保持密切的适应关系。

第七,帮助未成年的子女完成他们的发展任务,使他们成为有责任心的、幸福的成年人。

哈维格斯特认为发展任务源于个人内在的变化、社会压力,以及个人的价值观、性别、态度倾向等方面。中年人面临的生理、家庭(配偶、子女、父母)与社会(工作、经济收入)压力很大,中年人需要找出消磨时间的新方式。

(二)中年时期发展的现实任务

中年时期发展的现实任务主要包括以下几方面。

1. 培养亲密关系

有研究表明,亲密关系的质量是成年个体主观幸福感的重要源泉。婚姻关系和其他长期的亲密关系都属于明显的具有动力作用的关系。这些关系的存在可以使人有效地对不断变化的各种事件做出应对,如家庭危机和重大的历史事件。只有投入关注和努力才能使这些关系保持健康和充满活力,并促进个人的成长。对中年人来说,同其他人,尤其是在婚姻关系中培养长期的、充满活力的亲密关系是非常重要的。在整个中年时期,维持亲密的夫妻关系至少要做到以下三点。

(1)有效的沟通

夫妻双方必须建立一种有效的沟通系统。对于缺乏一个有效沟通系统的夫妇来说,由于没有机会解决彼此之间的误会,所以他们之间的愤恨会越积越深。而积极倾听并思考对方的问题有利于维系和谐美满的夫妻关系。

(2)对成长的承诺

夫妻双方必须承诺对方作为个人和作为夫妻会不断成长,这意味着他们将要在某些重要方面发生改变,而且他们之间的关系也将随之变化。彼此愿意在态度、需求和兴趣等方面发生变化,这会进一步加深彼此之间的关怀和接纳程度。

(3) 创造性地利用矛盾

夫妻之间常见的矛盾集中在以下几个方面:对金钱支配上的意见不一致、工作和家庭需要之间的矛盾、养育子女问题、配偶如何扮演自己的性别角色、与朋友和亲戚的关系问题以及与健康有关的问题等。夫妻双方必须理解矛盾,同时认识到意见不一致是可以接受的,而且要找出解决矛盾的办法。即使是那些婚姻美满的夫妻,通常也不能解决他们的全部矛盾,但是他们会避免矛盾升级为强烈的敌意。培养亲密、和谐、富有活力的夫妻关系是一项长期而艰巨的任务。对于夫妻双方来讲,面对的巨大挑战就是如何能保持对对方的持久兴趣、关怀以及欣赏等。

2. 搞好职业管理

工作场所是成人发展的主要环境,一个中年人,在他没有退休之前,白天几乎都是待在工作场所。工作经验和个人成长之间存在着交互作用。用人单位都期望着具有某种特定经验、能力和价值观的人进入特定的工作岗位,他们一旦进入这个岗位,工作环境及其所从事的活动就会影响他的智力、社会性和价值取向。每个进入劳动力市场的人都要谋取一份职业,但是,随着时间的推移和各种条件的变化,人们可能或主动或被动地更换自己的职业,也可能因为失业、家庭、兴趣以及继续教育的需要暂时或长期地离开劳动力市场。因此,个体的职业是由不断变化的岗位、志向和满意度所构成的一个动态的结构。当一个人进入中年期后,职业活动是他的主导活动,职业活动同其自身的效能感、同一性和社会性的整合密切相关。所以,对于中年人来说,对自身职业的管理是其发展的重要任务。

3. 关心照顾他人

中年人在社会和家庭中的角色和地位决定了他们有更多的照顾他人的责任和义务。在众多的照顾任务中,最主要的任务是养育子女和照顾年迈的双亲。这两个领域的任务对中年人的智力、情绪、人格以及身体资源都提出了挑战,他们正是在迎接和完成这种挑战的过程中,使自己不断地成长和发展。

4. 搞好家庭管理

家庭是人们为了一种特定的生活风格而建立的实体组织。家庭是一个有限的单元,他们的资源、收入和零花钱都集中在一起使用,与劳动力市场相互作用,与他们的邻里建立社会互动关系。家庭管理是指家庭中成人都必须参与所有的计划、问题解决以及各种活动,以便照顾自己及其必须照顾的人。良好的家庭环境在促进智力发展、社交能力、身体健康以及情绪健康等方面具有重要的作用。对于中年人来说,创造一个能增强每个家庭成员潜力的环境,并因此而使家庭受益,是他们的又一个重要的发展任务。在对家庭的管理上,夫妻双方要有分工,要有家庭的建设计划,要建立民主气氛的家庭环境。中年人正是在家庭的管理和建设过程中,使自己得到成长和发展。

第七章 老年时期的心理发展研究

老年期是人生过程中的最后阶段。进入老年期后,个体的各项生理功能都发生较大退化,如毛发脱落、脊柱弯曲、骨质疏松、记忆力下降等,各种老年疾病开始出现,生活也逐渐依赖他人。在这一时期也比较容易出现一系列的心理问题。本章即对老年时期的心理发展进行研究。

第一节 老年时期的身体和认知发展研究

一、老年期的生理变化

随着年龄的增长,老年人的生理方面也发生着巨大的变化,这主要表现在以下几方面。

(一)神经系统的变化

随着年龄的增长,老年人的神经系统逐步衰老,主要表现在以下几个方面。

1. 脑重量减轻和脑萎缩

成年男性的脑平均重量在 1 400~1 500 克之间,成年女性则在 1 200~1 250 克之间。随着年龄的增长,脑重也开始减轻。20~90 岁之间,脑重和体积下降了 5%~10%。50 岁以后,脑重量减轻的速率加剧。生命终结时,脑重平均减轻 100~150 克。除了脑重减轻外,老年人的脑回变窄,体积缩小,脑室扩大。患老年性痴呆病时,其他部位如顶叶、颞叶等均萎缩。

2. 神经元减少

大脑的神经元从20岁前后开始,以每年1%的速率丧失,到60岁时可减少20%～25%。小脑的神经元则以更快的速度减少,这是老年人运动协调功能障碍的原因之一。脑干蓝斑的神经元到60岁时减少40%,这与老年人睡眠类型的变化有关。神经元丧失的一个显著特点是不能再生,70岁以上的老年人神经元总数可减少45%左右。

3. 脂褐素增多

脂褐素是脑细胞脂类和蛋白质过氧化作用的副产物之一。随着年龄的增长,体内氧化抗氧化体系的平衡失调,脑组织内因自由基作用而产生的脂质过氧化物逐渐会多起来,这些过氧化物就以脂褐素的形式沉积在神经元和胶质细胞的胞体,甚至在轴突和树突中,且随年龄增长而增多。当脂褐素增加到一定量时,可导致脑细胞萎缩或死亡。

4. 神经传导速度减慢

随着年龄的增长,血流减少、轴突减少或缩短以及有脂褐素之类的物质沉积,使得神经传递速度减慢。

(二)呼吸系统的变化

老年时期,肺的肺泡部分相对减少,由20多岁时占肺的60%～70%降至50%左右;肺组织的弹性因弹力纤维的功能下降而降低,气管绒毛上皮出现萎缩、变性;呼吸肌的肌力下降,因而肺活量减少;咳嗽和咳痰的能力下降。调查显示,老年人患有慢性支气管炎的发病率增多,其原因主要包括以下几方面。

第一,随着年龄的增长,肺活量、肺血流量减少,呼吸功能储备逐渐变小,而肺内残气量逐渐增多,加之老年人的呼吸肌、膈肌、韧带萎缩和肋骨硬化,致使胸廓变硬,肺部变成桶状,肺组织弹性减弱,由于肺泡和毛细血管减少,结缔组织和脂肪增多,黏膜及黏液腺萎缩等变化,降低了老年人对外源性和内源性毒物的抵抗能力。

第二,随着年龄的增长,生理调节功能逐渐减退,防御反射能力降低,结果导致上呼吸道对有害刺激的反应性减退,所以容易引起下呼吸道损害。

第三,老年人的呼吸道黏膜纤毛上皮萎缩、脱落,使黏液与纤毛系统清除功能障碍,加之免疫功能下降,也是下呼吸道容易遭受损伤的因素。

(三)循环系统的变化

老年人循环系统的功能性变化主要体现在包括心脏和血管的功能变化上。

1. 在心脏方面

心脏方面,随着老化进程的加剧,心肌逐渐萎缩,心脏变得肥厚硬化,弹性降低,心脏收缩能力减弱,心跳频率减慢,心脏每次搏动排出的血量也会减少。心排血量降低,输送到各器官的血流量也就减少,供血不足则影响各器官功能的发挥。

2. 在血管方面

随着年龄增长,在血管方面,动脉弹性降低,动脉硬化逐渐加重,同时脂质物质在血管内壁沉积得越来越多,阻塞了血管内腔,使血管通道逐渐变窄,从而使机体主要器官心、脑、肾的供血不足,导致相应功能障碍。如果是冠状动脉硬化,供给心肌的血液不足时,就会引发冠心病。

(四)消化系统的变化

消化系统的变化主要表现在以下几方面。

第一,胃壁伸缩性减弱。

第二,口腔黏膜、唾液腺发生萎缩,唾液分泌减少。

第三,肝脏有萎缩趋势,肝细胞减少、双核细胞增加,肝功能可维持正常。

第四,胆囊、胆管等弹性纤维显著增生,胆道壁增厚。

第五,肠道肌层萎缩,黏膜分泌功能下降,蠕动减少。

(五)内分泌系统的变化

内分泌系统的变化包括脑垂体、甲状腺、肾上腺、性腺和胰岛等内分泌组织的功能变化。老年人内分泌器官的重量随年龄增加而减少,供血也相应减少。另外,内分泌腺体也会发生组织结构的改变,尤其是肾上腺、甲状腺、性腺、胰岛等激素分泌减少,可引起不同程度的内分泌系统的紊乱。

(六)骨骼的变化

随着年龄增大,老年人骨骼中的有机物减少,无机盐增加,导致骨的弹性和韧性降低,因此骨质疏松在老人中也较多见,且易出现骨折,因此老年人要谨防摔倒。同时由于肌肉弹性降低,收缩力减弱,肌肉变得松弛,因此老年人耐力减退,容易疲劳,难以坚持长时间的运动。由于关节面上的软骨退化,老年人还容易出现骨质增生、关节炎等疾病。

(七)细胞的变化

细胞是维持人体正常组织器官功能的基础,一般来说,个体细胞的生长和衰亡保持动态平衡,细胞数量在一段时期能够保持相对稳定。人体内能够不断产生新的健康细胞去替代受损或衰亡的细胞,每一个新的细胞都能够从遗传学上获得分裂或再生的能力,以维持人体的正常功能。细胞的这种分裂和再生的能力在个体年轻时比较强健,随着年龄的增长,会逐渐减退,特别是在老年期这种趋势就更加明显。进入老年期后,细胞开始出现一系列独特的变化,主要表现为细胞数的逐步减少、细胞间质增加。那些有分裂再生能力的细胞逐渐停止有丝分裂,人体产生新细胞的速度跟不上细胞衰亡的速度,细胞数量上的总体平衡就此打破。那些不具备分裂再生能力的细胞,如神经元细胞等,则会因内环境的变化逐渐退化死亡。这些变化导致个体不断衰老。

(八)整体外观的变化

老年时期,整体外观方面会发生较为明显的变化,外貌和体形逐步呈现出老年人的显著特征,这主要表现在以下几方面。

第一,须发变白,逐渐稀疏脱落乃至秃顶。

第二,皮肤变薄,弹性降低,皮脂减少。

第三,由于结缔组织弹性降低和组织水分的流失,导致老年人皮肤松弛、褶皱、干燥,并常因黑色素沉着而出现老年斑。

第四,头颅骨变薄,牙龈和牙槽组织萎缩,牙齿松动脱落,形成老年人特有的面容。

第五,肌肉萎缩、肌力减弱、肌肉以及关节韧带松弛,关节活动不灵,造成老年人行动迟钝、行动缓慢、步履蹒跚、手指哆嗦等,甚至发展为运动障碍。

第六,骨骼肌萎缩,骨钙丧失或骨质增生,同时由于椎间盘萎缩、脊柱下弯和下肢弯曲,造成老年人弯腰驼背,身材变矮的形象。

第七,由于组织和器官的萎缩,老年人的体重也随增龄而降低,指距随增龄而缩短。

需要指出的是,老年人上述变化的个体差异很大,它与一个人的健康状况、生活方式、营养条件、精神状态和意外事件等因素都有密切关系。

二、老年期感觉能力的变化

随着年龄的增长,老年人感觉能力方面也会发生一定的变化,视力及听力的问题可能会剥夺他们的社会关系和独立性,也可能限制他们的日常活动。在性别差异上,女性比男性更容易出现视力受损,而听力方面则是男性更容易受损。

(一)老年人的视力变化

老年人中出现的视力问题主要体现在深度知觉、颜色知觉上的困难,以及在日常生活中缝纫、阅读、购物、做饭等方面的困难。老年人的视敏度急剧下降,暗适应也更加困难。

老年期视力受损主要是由于到达视网膜的光线减少,60岁时透过来的光线可能只有20岁时的1/3,而且,视神经在转化神经冲动方面也不如过去那么有效了。而大多数视力损失(包括失明)是由白内障、黄斑变性、青光眼、糖尿病视网膜病变等引起的。中度的视力问题通常可以通过矫正晶状体或改变环境,比如更加明亮的阅读灯、更大的印刷字体等来改善。不过,70岁以上的老人中,1/5的人的视力损失已经无法弥补。

(二)老年人的听力变化

调查显示,老年人中出现听力问题的人也不在少数。听力的损失可能导致他人对老年人的错误知觉,以为他们容易分心、易怒易恼,这往往给听力受损的老年人及其配偶的幸福感带来消极影响。这也可能会造成老人难以记住他人说过的话。听力受损会使老人自我效能感降低,感到更加孤独和抑郁,使其社交网络变得更小。虽然助听器可能有一定帮助,但是老人通常却难以适应,因为它在放大人们想听的声音的同时,也会放大背景噪声。

三、老年期记忆的变化

老年时期,由于感知觉系统发生显著而迅速的退行性变化的影响,老年人记忆能力总体上也随年龄的增长而逐步下降。但记忆衰退的速度和程度也因记忆过程和个体因素的不同而呈现出较大的差异。

(一)记忆发展与年龄的关系

记忆如何随着增龄而发展和变化,历来受到研究者的积极关注。美国学者米切尔(Mitchell,1993)以年龄作为独立变量的内隐和外显记忆实验性分离,研究表明,大多数受试对象的内隐记忆不随年龄的变化而变化,而外显记忆却明显相反,其毕生发展曲线呈倒 U 形。中国科学院心理研究所吴振云、许淑莲、孙长华等人自 20 世纪 80 年代开始,对老年人认知功能与心理健康系统包括记忆年老化展开了系统研究,为我国老年期个体的认知发展积累了宝贵的材料,并取得了一系列突出的研究成果。如许淑莲等的研究表明,成年后个体记忆的衰退是连续性和阶段性的统一。在总趋势表现为衰退的基础上,具有一定的阶段性特征。总体来说,个体的记忆在 40 岁以前下降并不明显,40~50 岁期间有一个轻度但明显的衰退阶段,然后维持在一个相对稳定的水平上,直到 70 岁左右才又进入一个明显的衰退阶段。

(二)老年期记忆下降的影响因素

概括来说,老年期记忆下降的影响因素主要包括以下几方面。

1. 生物因素

随着年龄的增长,大脑中的新生神经元的数量日益减少,这种现象被认为是生物因素导致老年人记忆下降的主要原因之一。海马区被认为是大脑负责记忆与认知功能的关键区域,而新神经元对于大脑的某些层面的记忆有关键性作用。科学家们已经在成人大脑的海马区找到了与新神经元生成有关的重要证据。海马细胞的减少与个体记忆能力的下降具有某种程度的关联性。另外一些研究表明,情景记忆的衰退可能与大脑颞叶的退化或雌性激素的减少有关。

2. 环境因素

进入老年期后,由于退休、空巢、丧偶等不同生活事件的接踵而至,个体一方面不得不重新适应与原来完全不同的生活环境,另一方面,这种环境因素的改变有可能不利于老年人记忆的保持。比如退休以后的老年个体,面对的是惬意而闲适的晚年生活,他们也没有太多的要求记忆的艰难任务,这可能导致老年人对记忆的使用不再那么熟练,特别是记忆策略的丧失。

3. 信息加工缺陷

老年人记忆减退有可能跟他们对信息获取和加工能力的改变有关。为了便于理解,可用计算机术语作类比,形象地概括为"内存不足说"和"CPU性能不足论"。

工作记忆的容量变小,即"内存不足说"是老年人记忆减退的根本原因。工作记忆相当于计算机的"内存",老年人短时记忆的容量有限,很多需要处理的信息不能保留在"内存"中,在进一步处理之前就已遗忘,因而影响了信息加工的能力和成效。另外,由于"内存"的限制,不能同时进行多任务操作,因而老年人在需要同时面对多任务记忆时,往往表现不佳。

"CPU性能不足论"是指个体进入老年期后,随着脑细胞数量的减少和中枢神经系统的功能老化,对于信息的处理能力逐渐减弱,记忆加工过程的速度明显减慢,"CPU"的性能出现下降,从感觉登记、信息编码、信息提取到整个记忆过程都需要比年轻时更长的时间,从而导致了老年人的记忆力减退和记忆效率的下降。

(三)老年期记忆发展的基本特征

个体进入成年期后记忆总体上会呈现出衰退的趋势,到了老年期,这种衰退会更加明显和迅速,表现出明显的年龄差异。但老年人的记忆并不会出现全面的衰退,而是跟记忆的性质和内容密切相关,表现出记忆年老化过程中的选择性和可塑性。吴振云、许淑莲等通过对20~90岁的成年人的记忆进行研究,概括出了老年人记忆的几个基本特点。

1. 老年人的初级记忆好于次级记忆

初级记忆和次级记忆是由美国哲学家和心理学家威廉·詹姆斯(W. James)最早提出来的两种心理学术语,后来分别被称为短时记忆和长期记忆。

初级记忆是个体加工信息的一个即时工作站,通过感官获得的信息在这里进行登记和初步编码,并根据对个体的意义要么被遗忘,要么被转入到次级记忆。换句话说,初级记忆是对刚刚听过或看到的事物,脑子里还留有印象的时候,立即进行回忆,老年人保持得较好,年龄差异不大。

次级记忆需要对外界信息进行加工编码、储存和提取,过程较为复杂,老年人保持得较差,年龄差异大。如在一项数字广度测验中,顺背数字(主要是初级记忆成分)成绩较好,记忆减退较晚,直到70岁以后才出现显著衰退,而在要求倒背数字(包含次级记忆成分较多)时,老年人的成绩则呈现出非常明显的年龄差异。

2. 老年人的意义识记好于机械识记

老年人对于有意义的或内容上有逻辑关联的材料记忆保持得比较好,但对于内容无意义无关联的机械记忆减退得比较早。例如,在联系学习测验中,有逻辑关联的学习材料的联系学习成绩保持较好,50岁组只比20岁组减少3%,减退较晚,直到60岁才会明显减退,且年龄差异不大,80岁组成绩仍然可以达到20岁组的75%;而无逻辑关联的识记材料需要机械记忆,老年人联想学习的成绩减退较早,30岁已有明显减退,而且组间差异明显,随着年龄的增长,减退得非常严重。50岁组比20岁组低18%,而80岁组只能达到20岁组的30%。

3. 老年人的再认成绩好于回忆成绩

再认是对已听过或看过的事物再次呈现在面前进行辨认。研究发现,相对于回忆而言,老年人对于无意义图形的再认虽然在总体趋势上呈现出随增龄而下降的特点,但下降幅度较小,发生也较晚,要到 70~80 岁时才会显著衰退。在智力匹配的条件下,未有明显的年龄差异。而回忆的成绩则组间年龄差异显著,随着年龄的增长,老年人的回忆成绩显著下降,减退得也比较早。如人像特点联系回忆在 50 岁时已明显减退,指向记忆和图像自由回忆也衰退明显。

4. 老年人日常生活记忆好于实验室记忆

日常生活记忆直接涉及老年人的生活质量,跟个体的人生经验的积累有关。研究发现,在记忆年老化的过程中,老年人对于"地名系列回忆"这类日常生活记忆保持得比较久,减退缓慢,年龄差异较小,成绩好于实验室记忆。可见,老年人可以用自身具备的人生经验在一定程度上来补偿因增龄带来的记忆减退。

(四)老年期记忆力减退的突出表现

随着年龄的增长,老年人的记忆广度有所下降。从编码过程来讲,老年人不善于主动运用记忆策略,因此机械记忆成绩不佳。如果提醒他们使用记忆策略或是对他们进行记忆策略方面的训练,则其记忆力的表现就不会太差。从提取过程来讲,和回忆相比,老年人的再认能力下降得不是太多。换句话说,老年人可能"知道"很多事情,但却不能快速地把它们从脑海中提取出来。如果对他们进行线索或生活情景方面的提示,或者给予足够长的时间让他们回忆,他们就更有可能想起来。

四、老年人智力的变化

贝尔茨(P. Baltes,1993,1996)区分出两种智力,随着年龄增长而下降且出现老化的信息加工智力和随着年龄增长而稳定甚至提高的文化知识智力(图 7-1)。用计算机语言来讲,信息加工智力相当于心理的硬件,反映了进化过程中脑发育的神经生理结构,涉及感觉输入、视觉记忆、区分、比较、分类等信息加工过程的速度和准确性。由于受到生理的、遗传的和健康的影响,随着年龄的增长,信息加工智力呈现下降趋势。相反,文化知识智力是基于文化的心理软件程序,包括教育水平、言语理解、阅读和写作技能、专业技能、自我知识和生活技能,由于受到文化的影响,即使到了老年期,智力的提升也是可能的。因此,老年期信息加工智力可能降低,而文化知识智力却可能提高。

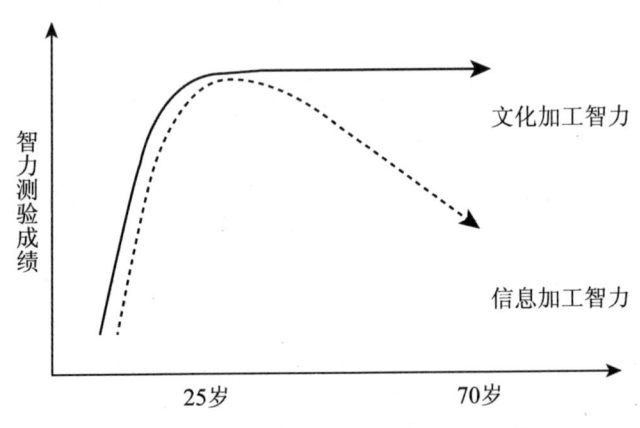

图 7-1 贝尔茨区分出的两种智力[①]

(一)老年人智力发展的特点

概括来说,老年人的智力具有以下特点。

1. 老年期智力有所下降,但幅度不大

对于普通人来说,虽然进入老年期后,个体的某些认知能力会有所下降,但下降的幅度很小,而直到 80 岁以后才会逐渐显著。即使在 81 岁时,也只有不到一半的人在测验中的成绩比 7

---

① 刘爱书,庞爱莲. 发展心理学[M]. 北京:清华大学出版社,2013.

年前有所下降。

2. 智力的发展变化存在较大的个体差异

有些人从 30 岁开始就出现智力下降,而另一些人直到 70 岁才会出现这种下降。研究表明,一些非常年老的人仍然能十分快速地做出反应。

(二)老年人智力的影响因素

研究发现,影响老年人智力的因素主要包括以下几方面。

1. 遗传

以智力测定成绩的相关来看,同卵双生老人比异卵双生老人的智力相关程度更高。双生阿尔茨海默症患者的临床研究证明,遗传因素会产生一定的作用。

2. 机体

老年人长期有疾病,不仅影响生理功能,也影响智力。研究表明,脑和神经系统功能的衰弱,身体健康状况下降,活动能力和感觉功能下降,社会活动范围和交往范围缩小等都可能会造成智力衰退。

3. 学历、知识、经验等社会因素

学历、知识、经验等社会因素与老年人的智力发展和保持有很大的关系。研究表明,经常从事一定脑力劳动的老年人和学历较高、受教育时间较长的老年人,智力衰退缓慢。

4. 职业

日本心理学家爱井上胜也(1977)对 100 岁高龄者的研究表明,曾经从事管理职业的人比没有从事这样的老年人呈现出有意义的、较高水平的智力水平。国内也有研究表明,职业老人的智力水平与无职业和任务的老年人,以及过去一直从事体力劳动为主的老年人相比,其智力下降的程度较大。

五、老年人思维的变化

老年期的思维总体呈衰退趋势,但也有区别,那些与生理功能状态有关的思维因素衰退得较快,如思维的速度、灵活程序等,而与知识、文化、经验相关联的思维因素则衰退得较慢,如语言理论思维和社会知识等,少数人老年期仍有创造思维。

老年人思维衰退的主要表现为以下几点。

第一,思维的灵活性变差,想象力减弱。

第二,在解决问题时深思熟虑,但又缺乏信心。

第三,思维自我中心化,主要表现是坚持己见、主观,不能从客观实际和他人的观点去全面地分析问题。

六、老年人想象的变化

由于老年人生理机能不同程度的衰退,对待生活的态度也发生了相应的变化,这对老年人的想象带来一些不利影响。老年人想象衰退的主要表现为以下四点。

(一)再造想象能力日渐衰退

他们再造想象的内容比较丰富,但再造想象的速度较慢,图形想象的能力有所衰退。

(二)无意想象的成分逐渐增多

由于老年人阅历深,生活经验丰富,大脑里贮存的表象多,他们无意中谈到往事,就会呈现"一触即发"的状况,浮想联翩,这是老年人无意想象的表现。

(三)创造想象能力明显下降

有项研究表明,50岁以后的人的创造性的成果占20%,60岁以后的老年人的创造成果则不到10%。进入老年期,创造力水平明显降低。

(四)幻想中的积极成分增多

由于老年人的经验丰富,他们能掌握客观事物的发展规律,能预见复杂事物发展的结果,因此他们的幻想比较接近实际,一般说来理想大多能转变为现实。

第二节 老年时期的心理社会性发展研究

一、老年期感情的发展

(一)老年期感情发展的一般特点

老年期感情发展的一般特点包括以下几方面。

1. 老年人的情感体验比较强烈而持久

随着年龄的增长,老年人的性格会变得比较成熟稳重,他们在遇到事情后通常不会容易冲动和出现大起大落的情感体验,但从另一方面来说,由于生理功能的日渐衰退,老年人机体本身的适应能力和控制能力也开始逐步减弱,所以当他们遇到外界刺激,情绪往往很容易产生波动。同时,老年人中枢神经系统过度活动倾向和较高的唤醒水平,使得他们的情绪呈现出内在、强烈而持久的特点。

2. 老年人感情日益内敛

一般来说,自中年期始,个体感情就开始呈现出一定的内敛倾向,从热衷于对外界知识的探索慢慢转向对自身内心的感悟,到了老年期这种倾向就更加明显。所以大多老年人表现为老成持重,心境恬淡,遇事一般不会喜怒形于色,能理性地应对各种生活事件。

3. 老年人的积极情感和消极情感并存

传统观点认为,由于老年期个体生理、心理的退行性变化以及退休后经济状况、社会地位的降低、社会角色的弱化和交往活动的减少,老年人容易产生抑郁感、孤独感、衰老感、无助感和自卑感等消极的情绪情感。但研究也表明,老年人同时具有积极情感和消极情感。老年人的积极情感和消极情感之间并无显著相关,换句话说,在积极情感上得分高的老年人未必在消极情感的得分就低。

(二)老年期感情与健康的关系

概括来说,老年期的感情对于个体健康的影响主要体现在两个方面。

1. 积极的情感能促进老年个体的身心健康

积极情绪即正性情绪或具有正效价的情绪是指个体由于体内外刺激或事件满足个体需要而产生的伴有愉悦感受的情绪,如乐观、开朗、轻松、愉快、宁静、和谐、安全感、满足感等。一般而言,积极情绪的产生可以激活一般性的行动,能够促进或保持活动的连续性,使个体获得更高的主观幸福感。在积极情绪状态下,个体会保持趋近和探索新颖事物,保持与环境主动的联系。老年期稳定而持久的积极情绪情感对于弥补老年个体认知上出现的退行性变化,帮助老年人应对丧失、协调资源、增进社会适应性,促进老年个体实现成功老龄化,具有十分重要的作用,有利于促进老年个体保持身心健康状态。

2. 消极情感可能会对老年个体健康产生不利影响

老年期个体由于生理功能的退行性改变、各种疾病的出现、从重要的社会结构中离开,社会角色和地位的丧失、社会关系的削弱以及各种负性生活事件的影响,容易体验到紧张害怕感、无用失落感、孤独寂寞感、多疑不满感以及焦虑和抑郁等消极的情感。长期的、反复性的消极情绪情感体验不仅可能会使老年期个体更容易出现血压和血糖升高,从而增加个体患病的风险,而且更重要的是它们还会抑制免疫系统中自然杀灭细胞(简称 NK 细胞)的活性,使人更容易罹患癌症。因此,正确面对、善于调适自己的不良情绪,始终保持积极乐观情绪是延年益寿、提高生存质量的重要途径。

(三)老年期的感情表现

1. 老年人积极情感的表现

概括说来,老年人的积极情感主要体现在以下几个方面。
(1)轻松感和解放感

相对于年轻人的工作上、事业上的压力和生活、家庭等方面的责任而言,大多数老年人不需要考虑这些困扰,只需要安排好自己和老伴的生活就行了,因而相较于年轻人,他们能够很容易体验到轻松感。加之退休以后,没有了工作任务,有时间发展自己的兴趣爱好、或收入更加稳定等都会使得老年人感受到强烈的解放感。

(2)满足感和幸福感

满足感和幸福感是以个体生活愿望和生活需要为基础的、对现有生活持积极和肯定态度的内心情感体验。一般来说,能够悦纳自我的老年人都能体验到强烈的满足感和幸福感。

（3）成功感和自豪感

对老年人来说,成功感和自豪感同样是一种向上的动力、前进的牵引力和永葆青春的助推力,是他们主观幸福感的重要来源。在老年时期,老年人倾向于在思考和"回味"中评价自己的一生。如果他们对自己的一生感到满意,就会产生一种完善感,悦纳自我,对自己所做的和所拥有的感到成功和自豪。

2. 老年人消极情感的表现

随着生理功能的逐渐老化、各种疾病的出现、社会角色与地位的改变、社会交往的减少,以及丧偶、子女离家、好友病故等负性生活事件的冲击,老年人经常会产生消极的情感体验。

（1）孤独寂寞感

对于一些个性比较内向的老年人,由于孩子学习、工作、结婚等原因不再跟老年父母生活在一起,很多老年家庭成了空巢家庭,感到孤独寂寞。特别是对于那些丧偶的老人,如果独立生活,更容易体验到这种消极情感。

（2）紧张害怕感

进入老年期后,有些老年人因为身体或心理能力的相对降低,容易体验到一种紧张害怕感,即对生活中碰到的事物往往产生一种莫名的恐惧感,因此他们接人待物总是谨小慎微。有时对待一些平常小事,也感到紧张害怕。特别是在对待要学习的新生事物方面,他们更是显示出恐慌,如操作电脑、使用智能手机等,就会产生紧张害怕感。

（3）多疑不满感

老年人的多疑往往以胡乱猜疑、嫉妒、乖僻的形式反映出来,老年人多疑主要是由于感觉系统的退行性变化,使得他们接受和加工外界信息的速率减慢,效率降低,因此易于凭主观去猜测。同时一些社会和家庭因素的改变也是造成他们多疑的重要来源,如离开工作岗位,社会活动的减少,人际关系的疏远,以及家庭中的地位改变和不睦等,均使老人的自尊心容易受到伤害,增强其戒备心,从而使他们总处于紧张的防御状态。

(4)无用失落感

由于生理上的退行性变化以及某些认知功能的减退,一些老年人对自己的能力预期也没有进行适应性的调整,所以对于自己在完成一些任务时的表现不满意,从而产生了无用失落感。这种无用感常常会困扰一些老年人,使他们对自己的能力产生怀疑甚至否定,并进一步导致老年人自怨自艾的消极情感。

(5)焦虑和抑郁

研究表明,健康老年人其焦虑、抑郁水平明显低于患病老人,而其生活满意度则高于患病老人。独居老人,其焦虑、抑郁程度要明显高于在养老院和与家人同住的老人,而生活满意度则较两者低;和家人同住的老人,其焦虑、抑郁程度明显低于独居老人。老年人焦虑和抑郁呈正相关;生活满意度与焦虑、抑郁均呈负相关。老年人焦虑、抑郁水平与生活满意度密切相关,焦虑、抑郁水平、健康状况和居住情况是重要影响因素。老年人的角色冲突、自我同一性危机、社会认知偏差及挫折感等正是产生焦虑的心理温床,家庭关系、精神上的持续压力、社会能力及运动功能、受教育程度、邻居关系等对抑郁症状均有较大影响。

(四)老年期感情的调适

概括来说,老年期感情的调适可以从以下几个方面入手。

1. 合理认知,保持积极乐观的心态

情绪情感是一种主观体验,它不仅取决于个体需要是否得到满足,而且跟主体对事物的认知息息相关。事物是否满足了主体需要还有赖于认知的评估作用,换句话说,并不是客体满足了主体需要,就一定会产生某种态度体验,而是跟人的主体认知有关系。因此,老年人要学会调整自我认知的技巧,运用换个角度看人生的智慧,凡事都全面、辩证、发展地进行分析,多看到事物的积极面,尽量保持积极乐观的心态,这样才有利于身心健康。

2. 心胸开阔，做到喜怒有度

儒家经典《中庸》开篇就提出"致中和"的思想，指出"喜怒哀乐之未发谓之中，发而皆中节谓之和。中也者，天下之大本也，和也者，天下之达道也。"意思就是人的内心没有发生喜、怒、哀、乐等情绪时，称之为中。发生喜、怒、哀、乐等情绪时，始终用中的状态来节制情绪，就是和。中的状态即内心不受任何情绪的影响、保持平静、安宁、祥和的状态，是天下万事万物的本来面目。而始终保持和的状态，不受情绪的影响和左右则是天下最高明的道理。老年期个体经历了各种生活事件，对人生的成败得失有着更深的感悟，理应更容易理解保持中庸之道的道理，从而保持心胸开阔，做到喜怒有度。

3. 培养兴趣爱好，做好角色转变

个体在进入老年期后要注意重新认识自己的角色改变，做好角色转化。老年人要培养其他的兴趣爱好，应宁静致远，修身养性。一些身体比较好的老年人还可以利用自己的特长或专业技术，找个相对轻松、力所能及的工作，或积极参与到所住小区的业委会工作中去，义务服务社区居民，发挥余热，不为赚钱，只为充实退休后的老年生活。

4. 避免过度压抑，适时表达情绪

老年期个体的感情调适最为重要的原则就是要时刻保持一个平和的心态，既不大喜大悲，也不压制情绪，抑郁焦虑。中医认为"百病皆生于气"，人的情绪失调就会干扰到人体气机的正常运转，从而影响到个体的身心健康。另外，情绪不能不发。有些老年人出于各方面的原因，不愿意表达自己的情绪情感，或是习惯化地压抑自己的情绪情感，喜怒不形于色，然而过度压抑自己的情绪情感，可能会削弱老年人自身的免疫系统的功能，从而更容易罹患癌症等严重疾病，因此对老年人的身心健康伤害极大。适

时适度地表达自己的情绪情感,避免过度压抑自己的情绪情感,是老年人健康长寿的保证。

5. 协调好家庭关系夫妻恩爱

家庭和谐是老年人幸福生活的重要因素。老年人在对待夫妻关系上,要互敬互让、互亲互爱、相互体贴,感情上相互依恋,生活上相互照顾,和睦的夫妻关系能使老年人心情愉快、身体健康。在对待子女的问题上,老年人要克服过于担忧、过于操心的倾向,"儿孙自有儿孙福",他们的道路最终还是要靠他们自己去走,维护好自己的身心健康,让儿女们免去后顾之忧,才是对他们工作事业的最大支持。

6. 避免逃避式的适应方式

人难免会遇到不如意的事情,因此也要做好接受不愉快情感的准备,不要一遇到问题,就选择逃避,不愿直接面对。其实,面对一些不可避免的负性事件,积极面对、调动现有资源进行主动调适才是最好的适应方式。

二、老年人的人格发展

(一)老年期人格发展变化的一般特点

老年人的人格特征既有稳定的一面,又有变化的一面,但稳定多于变化。老年期的人格是个体中年人格的连续,表现出比较稳定的心理特征。如果一个人在早年具备乐观、宽容、豁达、自信等的人格特质,到了老年期这些人格特质仍能得到较好的保持,老年人的日子也会过得快活一些。而老年人的一些不良人格也并非是年轻时期人格方面质的变化,而只是过去不良人格特点的"放大"而已,到年老之时,在精神衰退的情况下,当年潜抑的人格缺陷表现得更清楚更突出罢了。同时,时代不同,生活的环境不同,人格不同,变化的速度也不同。在以传统农业劳动为主的生活环境中,一般女性到了45岁以后,男性到了50岁以后其人格和心理行为便开始出现衰老特征。而在物质生活水平开始提高的工业化劳动为主的时代,一般女性到了55岁,男性到了60岁以后,其人格和心理行为显示出衰老特征;而在以脑力劳动为主、物质文化生活极为丰富的环境里,一般女性到60多岁,男性到近70岁以后才会出现人格和心理行为的衰老特征。

(二)老年期人格的类型

根据老年人的适应方式和适应水平的特点,可将其人格大体分为以下六个类型。

1. 安乐型

安乐型老年人能接受退休的现实,对自己的过去无怨无悔,对人生有着自己的理解,人际关系随和。他们不再刻意强调行为的目的性和计划性,而是乐意享受悠闲轻松的生活乐趣,并发展出自己的娱乐活动,在这些活动中体验着生活的乐趣。

2. 成熟型

成熟型老年人的主要特点是性格开朗、外向,乐于助人,容易与人交往。他们对自己的过去评价适度,并能够以理性的态度勇于面对现实,以有效的策略处理各种现实问题,显得成熟、老练,能妥善处理工作、社会和家庭的人际关系,同时能根据自己的实际能力和身体条件安排自己的活动。

3. 进取型

进取型老年人的主要特点是身体健康、精力充沛、头脑灵活,他们积极进取,充分发挥自己的才能。他们对自己以往的工作感到自豪,退休后仍有目的地从事一些有益身心的活动。他们有乐观的人生态度,能恰如其分地评价自己、别人和周围的事物,常常会积极主动地搞好人际关系。这类老年人大多会在退休后利用自己的专长继续发挥余热,为社会和家庭继续做出贡献。

4. 厌世型

厌世型老年人生活在深深的自责、自罪的内疚之中,总是认为自己这一生的许多选择是错误的,他们看不到自己的优点与成绩,把失败的原因归咎于自己的能力和运气,把自己的生活历程看成是失败的一生。同时他们认为自己给别人带来了痛苦和灾难,他们悲观、失望,无任何生活乐趣,常常孤僻独处,不愿与别人交往,认为死亡才是他们的真正解脱,所以该型老年人可能会以自杀来了结自己的一生。

5. 怨恨型

怨恨型老年人的主要特点是缺乏理性、心存怨恨、容易发怒、难以自控。他们同样无法接受自己业已衰老的事实,同时回顾自己的一生,又会因未实现自己既定的人生目标,或认为这个世界对他不公平而产生怨恨。他们往往对自己的人生持负面的评价,而且将其原因归咎于他人、社会、环境等外界因素,习惯于用悲观的观点看待一切。由于在归因方式上存在偏差,所以他们往往对社会和别人充满了敌意,在生活中对同事、朋友和家人常常无故发怒,人际关系很不好。

6. 防御型

防御型老年人有强烈的事业心,不服老,不愿面对老年期生理上退行性变化的现实,他们似乎对工作有着过分的热情,过分强调自己的责任和义务,因此不顾身体衰退而不停地工作和忙碌,一旦停下来,便会陷入焦虑和不安之中。这种类型的老年人退休后大多仍设法继续工作,把自己置身于忙忙碌碌、终日操劳的境地,借此来排除由于身体功能下降而产生的焦虑不安,在意识上逃避承认自己已老化的事实。

需要指出的是,以上对于老年人的人格类型的论述只是大体的划分,换言之,这种心理类型的划分都是相对的,而不是绝对的。在现实生活中,很少有老年人完全属于上述某个典型类型,更多的老年人则可能是几种类型的混合。

三、老年人的友谊

友谊在老年人的生活中占据着非常重要的地位,老年人与朋友在一起的时间远远多于与家人在一起的时间。友谊在老年期之所以重要的原因体现在以下三方面。

(一)控制感

友谊关系与家庭关系不同,个体能够在自己喜欢和不喜欢的人之间做出选择,这意味着个体具有很大的控制权。老年期,个体在其他很多方面的控制感逐步丧失,因此,维持友谊的能力,在老年期比其他任何生命时期都重要。

(二)社会支持

随着年龄的增长,老年人更可能失去婚姻伴侣。此时,人们多数会寻求朋友的陪伴,以帮助自己应对丧偶的痛苦,弥补配偶去世后伙伴关系的缺失。此时,朋友可以提供物质上的支持,提供情绪支持,对老年人所关心的一些问题提供建议。

(三)灵活性

友谊,尤其是新建立的友谊,可能比家庭关系更灵活。新建立的友谊没有遗留的过往和过往的冲突,因此,能够更大限度地提供支持。

四、老年期的社会性适应

在老年期,面对众多的心理社会危机、挑战和发展任务,个体以适宜而睿智的方式应对生命历程中不可避免的各种生活事件的挑战,获得良好社会适应就显得尤为重要。

(一)空巢

空巢家庭即是指无子女共处,只剩下老年人独自生活的家庭。近年来,我国空巢家庭一直呈上升趋势,随着老龄化社会的到来及年轻劳动人口的流动,"空巢老人"正在成为一个越来越引人关注的社会问题。"空巢老人"作为我国老龄化浪潮中最突出的表现和最严峻的挑战之一,已经引起了政府以及社会各界的高度重视。研究发现,空巢老人是各种慢性病的易感人群。空巢老人往往身体状况差、患病率高、行为不便等,而子女关爱和照顾的缺失,更使得这些老人大多闷闷不乐,行为退缩,对自己的存在价值表示怀疑,常陷入无趣、无欲、无望、无助的状态,严重的还容易引发老年痴呆症。缺乏爱,是导致"空巢综合征"的根本原因。概括来说,老年人可以通过以下几种方式来适应空巢。

1. 未雨绸缪

老年人应该尽早正视空巢这一客观现象,认识到这是一个不以人主观意志为转移的客观存在,因此父母首先要对自己与子女的关系有一个正确的界定,在子女离家前,就应该尽早调整好自己的生活重心和生活节奏,积极安排自己的生活,避免一切围着孩子转的倾向。只有积极正视,才能有效防止空巢带来的家庭情感危机。

2. 扩大自己的社交范围

扩大自己的社交范围是老年人克服空巢心理的极佳途径。老年朋友在一起趣味相投,经常串串门,聊聊天,畅谈生活趣事,分享保健心得,倾诉内心的压抑与不快是非常好的心理良药。同时要积极培养自己的兴趣爱好,有条件的人还可以参加老年大学和各种社区活动,不仅可以提升自我,还可以陶冶情操、丰富生活,与社会保持密切联系和接触,排解不良情绪,冲淡空巢心理。

3. 学会自我调适

老年人要调整好自己的心态,学会关爱自己,寻找适合自己的生活方式,重新构建有意义、有规律的老年生活。如果出现心慌、焦躁不安、害怕等现象时,可静坐下来,听听积极向上的音乐,做做深呼吸等。情绪起伏不定时,应加强自控力,保持内心的宁静。

4. 发挥余热

对于一些身体较好的老人,积极参加社会活动是充实心理、克服空虚的良好途径。一些有一定专长的老年人,可返聘参加专业技术工作或在一些学校、中小企业充当顾问等,重新确立自己新的生活追求目标,这是老年人克服空巢心理的最佳方式。

(二)退休

角色转换对个体产生的效应是复杂多样的,不同特征与背景的个体间存在着相当大的差异。研究表明,性别、社会地位、经济收入、受教育水平、目标导向等均对退休体验有一定的影响。与女性相比,男性对退休生活的接受更加困难;社会地位很高或者很低、受教育水平较高或较低、收入很高或者很低的个体退休体验十分消极;个体对各种目标重要性的认识对退休体验有直接的影响,如果退休给个体看重的人生目标带来影响,要求个体对人生目标重新进行调整,否则退休给个体造成较大的影响。虽然退休可能给个体带来消极反应,但是研究表明,相当多的人对退休的生活感到满意和快乐,产生积极反应。研究者认为虽然退休给个体带来不同的身体和心理反应,但是,大部分个体在退休适应中的心理变化具有普遍性的特点。艾茨雷(Atchley,2000)在大量研究结果基础上,提出了退休的六阶段理论。

1. 前退休期

前退休期是真正退休之前的一段时期,个体脱离实际的具体工作场所,为退休做精细的计划和准备。

2. 退休期

在这一时期,个体已经不再参与付报酬的工作,可能会选择以下三种方式中的一种度过此阶段。

(1)蜜月期

个体的行为和感受类似于度蜜月。个体觉得自己在享受无限制的休假,男性和女性都忙于他们之前无暇顾及的休闲活动。

(2)有计划的即刻退休

除了工作之外,有充分时间规划的个体更可能选择这种方式。他们在退休之后,很容易就制定出轻松且繁忙的活动日程。

(3)休息和放松

曾经工作非常繁忙,几乎没有私人时间的个体很可能选择这种方式。退休之后的前几年,他们的活动非常少,几乎不做什么,尽情地休息和放松。退休几年后,他们的活动又会多起来。

3. 幻灭期

个体在休息、放松一段时间后,有人会感到失望、迷茫、痛苦和沮丧。成就感的缺失、丧偶等创伤性事件都可能引发这些消极的情绪。

4. 重新定向期

这一阶段个体开始审视之前的退休经历和体验,提出改善退休生活的新构想。个体往往积极参与社区活动,形成新的爱好、搬到适合自己消费水平的居住地等。

5. 常规的退休生活期

这个时期是形成退休生活的最终目标的时期,即形成舒适且具有激励性的常规退休生活方式。这种生活方式一旦形成,就会持续多年。常规退休生活期实现的时间存在个体差异,有些人很快就完成,而有些人则会花很长时间去完成。

6. 退休终结期

在这一时期,退休角色和个体的生活变得没有太大关系了。老年人由于疾病和瘫痪等因素而无法独立生活时,无法独立生活的角色成为他们关注的焦点,退休时间对个体不会再造成困扰。

(三)居丧

死亡是每个人、每个家庭必然面对的课题。所挚爱的家人和朋友的离世会引发个体系列的丧失体验,这种现象称为居丧。有研究者认为居丧是由于失去挚爱的人而产生的一种特殊类型的悲痛;也有研究者认为居丧是一段时期,因亲人离世,个体体验到悲痛。研究者认为虽然居丧的含义因人而异,但居丧的共同特点是一种悲痛的过程。

1. 悲痛的过程

(1)霍洛维茨的丧失模型
霍洛维茨(Horowitz)将正常的悲痛分为以下几个阶段。
①懊恼阶段
当获知对自己具有重要意义的人死亡时,个体经常会感到很懊恼,他们可能会在公开的场合情绪失控,也可能将自己的情绪压抑起来。
②否定和侵扰阶段
经过懊恼阶段,个体经常会进入一种否定和侵扰之间的摇摆阶段,即个体会将自己的全部精力投入其他活动中,使自己没有精力和体力去想与丧失有关的事情,个体亦会产生同懊恼阶段一样强烈的丧失体验,这两种状态经常反复出现。当个体意识到自

己能够进行其他的事情,不再被丧失困扰时,他们会感到内疚。

③恢复阶段

随着时间的流逝,个体对丧失的关注越来越少,丧失对个体的影响也渐渐减少。

④完成阶段

经过一段时间,个体不再感到悲痛,重新开始正常的生活。

霍洛维茨指出这些阶段的表现很典型,但是,并不是所有的人都会体验到这些阶段,这些阶段也不是按照固定的先后顺序发生的。

(2) Rando 的悲痛"6R"模型

心理学家 Rando 提出悲痛的"6R"模型解释居丧者的悲痛过程。

①承认丧失

居丧者经历了亲人的离世,承认这一现实。

②反应

将体验到的情绪表达出来。

③重温过去

回顾与离世亲人共同经历的事件和时光。

④放弃

不再纠结于亲人的离世,意识到现实已经发生了转变,不可能回到过去,并接受这种现状。

⑤重新调整

个体开始回归日常生活,丧失对个体的影响减弱。

⑥重新建立关系

个体开始建立新的关系,做出承诺,继续未来的生活。

2. 居丧的个体差异

在居丧期,个体可能表现出各种躯体的和心理的症状。躯体反应主要有头痛、异常疼痛、视力模糊、尿频、便秘、呼吸困难等。真正的病理性反应出现得并不多,也不频繁。出现频率较高的都是一些普通的、非病理性的反应。除了普遍的反应外,居丧反应存在很大的个体差异。研究发现,面对配偶或者子女的死亡,男性比女性的反应更加严重;经济上的问题,不良的身体和心理状况会导致更糟的居丧反应。另外,与去世者的关系、死者死亡的原因、居丧初期的行为和态度等都会影响居丧反应。研究发现,与死去配偶关系不良的人居丧反应更糟;自杀导致的死亡会使居丧者体验到强烈的悲痛,还可能导致居丧者产生自杀倾向,突然的死亡不会导致更多的不良反应;亲人去世后,更多酒精和药物的使用,会置居丧者于患病的危险之中,自杀念头和病态哀痛预示居丧者的不良心理状况,而社会支持对居丧者的健康具有保护性作用。

(四)死亡

每个人一降生就注定了他或她会在未来某个时候走向死亡,这是一个不以人的主观意志为转移的客观存在。尽管如此,老年人在对待死亡这个个体生命历程中至关重要的里程碑事件时,仍然是态度迥异,各不相同。

1. 死亡焦虑

尽管个体对待死亡的恐惧程度不尽相同,但对死亡过程的恐惧却具有一定的普遍性。有的老年人认为死亡虽是肉体生命的结束,但并不必然意味着自己生存价值的完全丧失,自己可能在死后仍然会对后人发挥着某种程度的影响力,因此能够坦然接受死亡这一现实,显示出较少的死亡焦虑。还有一部分老年人认为死亡是一种自我的幻灭,对死亡表现出更大的抗拒和焦虑。恐惧死亡的原因是多方面的,有些是属于对濒死过程的焦虑,而有些则是对死亡结果的担忧。担心濒死过程包括害怕孤单、疼痛、让别人目睹自己所受的罪或者对身心失去控制的无力感等。而担心濒死结果包括对死后未知世界的害怕、对自己同一性丧失的担忧、他人将会感到悲痛、身体的腐烂以及来世的惩罚或痛苦等。

研究表明,老年人相对于其他年龄的群体而言,对死亡的恐惧程度最低而表示不畏惧死亡甚至渴望死亡的比例却是最高的。但这并不意味着老年人欢迎死亡,而只能说明他们对待死亡的态度更加理性、更为实际。他们对死亡这一人生中不可避免的客观存在,进行过深邃的思考,对于生死有着更深的体悟,并一直努力地为死亡做着心理上和现实中的准备。

2. 临终阶段

基于屈布勒－罗斯的观察,她在与临终者及其看护者广泛调查接触的基础上,于1975年提出了人们在面对死亡的临终过程中要先后经历五个阶段的理论。

(1)拒绝

个体在得知自己即将死亡的消息时,第一反应就是拒绝,不肯承认死亡这么快就即将降临在自己身上。在这个阶段,有些个体直接拒绝相信医生的诊断结论,有些个体甚至质疑当事医生的专业水准,从而转诊或转院到其他的人员或机构以寻求更加"权威"的诊断。

(2)愤怒

经过"拒绝"阶段后,个体最终承认了他们即将死亡的信息,但这并不意味着他们同时接受了这一事实,他们很有可能进入到"愤怒"阶段。在这个阶段中,他们既可能在心理上有愤怒的情绪情感体验,也有可能在现实生活中表现出具体的愤怒行为,如一个濒死的人可能会对与他们接触的任何人大发脾气,他们可能会因一点小事而强烈指责或猛烈抨击其他人。

(3)讨价还价

在经过了前两个阶段后,个体越来越感受到了死亡作为一个事实正日益临近的客观性,但在死亡的时间节点上却有着自己的期待,由此进入了临终的"讨价还价"阶段。在这个阶段,濒死个体似乎更加愿意相信"善有善报"的因果逻辑,往往倾向于以一种"虚拟语气"式的假设来对死亡的到来讨价还价。如"假使能够多活一年,甚至是多活几个月,我将会做什么事等"。

(4)抑郁

当所有的"讨价还价"都无法阻挡死亡临近的脚步时,人们往往会产生巨大的失落感,从而进入了"抑郁"阶段。在这个阶段,他们以一种悲情的眼光看待世界和人生,他们意识到自己即将要和所爱的人生离死别,自己的生命正在真正走向终结。死亡这一无法摆脱的生命结局将引发他们巨大的悲痛和难以避免的抑郁感受。

(5)接受

这是个体临终心理的最后阶段。在经历上述阶段后,个体逐渐地接受死亡这一无法改变的人生结局,他们完全认识到死亡的迫近对自己意味着什么。在这个阶段,他们常常希望独处,说服自我接受死亡这一客观现实。伴随着情感冷漠和少言寡语,他们对现在和未来已经没有任何积极的和消极的感觉。对处于接受阶段的个体而言,他们能够相对坦然地接受这一现实,死亡再也不能引发进一步痛苦的感觉。

(五)临终关怀

临终关怀是指对因身患绝症、身体衰弱或其他原因而导致生存时间有限的个体提供适当的医疗、护理和服务,以减轻其生理痛苦和心理恐惧,使他们在余下的时间里获得尽可能高的生活质量。

1. 临终关怀的对象

临终关怀的对象主要包括临终者和他们的家属。首先是包括被认为生存时间少于 6 个月的临终者,与原来的界定不同的是,现在对这些临终者的界定更为宽泛,不仅包括罹患了如癌症等各种严重疾病而被诊断不可治愈的濒死者,也包括那些没有疾病、身体功能自然衰退而导致即将死亡的濒死者。另一方面还包括这些临终者的家属,甚至他们更是需要临终关怀尤为关注的对象。临终关怀服务人员在临终者死亡前后，要加强对家属的关怀服务，使他们能够加强自我调适，帮助他们重新建立新的生活勇气。

2. 临终关怀的目的

临终关怀的目的既不是治疗疾病或延长生命，也不是加速死亡，而是改善临终者余寿的质量。简单点说，也就是让临终者在有限的时光里，能够安详、舒适、有尊严地走过人生旅程的最后一站。

3. 临终关怀的内容

当死亡不可避免时，临终者最大的需求是安宁、避免骚扰，亲属随和地陪伴，给予精神安慰和寄托，对于一些特殊的需要，临终者亲属都要尽量给予病人这些精神上的安慰和照料，使他们无痛苦地度过人生最后时刻。因此，临终关怀的内容主要包括人身关怀、心理关怀和灵性关怀三个方面。

(1) 人身关怀

通过医护人员及家属的照顾减轻临终者身体上的痛苦，再配合天然健康饮食提升身体能量，提升其人身的舒适度。

(2) 心理关怀

通过专业医护人员等的心理疏导，使临终者减轻恐惧、不安、焦虑、埋怨、牵挂等心理，令其安心、宽心并对未来世界充满希望及信心。

(3) 灵性关怀

引导和帮助临终者回顾人生，寻求生命意义或透过宗教学说及方式建立生命价值观，如永生、升天堂、往西方极乐世界等。

参考文献

[1]戴安娜·帕帕拉,萨莉·奥尔茨,露丝·费尔德曼.发展心理学(第10版)[M].李西营,译.北京:人民邮电出版社,2016.

[2]斯科特·A.米勒.发展心理学研究方法[M].陈英和,译.北京:北京师范大学出版社,2015.

[3]费尔德曼.发展心理学——人的毕生发展(第六版)[M].苏彦捷,邹丹,译.北京:世界图书出版公司,2013.

[4]戴维·谢弗.发展心理学:儿童与青少年[M].邹鸿,译.北京:中国轻工业出版社,2016.

[5]丁祖荫.幼儿心理学[M].北京:人民教育出版社,2016.

[6]方富熹,方格.儿童发展心理学[M].北京:人民教育出版社,2005.

[7]龚维义,刘新民.发展心理学[M].北京:北京科学技术出版社,2004.

[8]何先友.青少年发展与教育心理学[M].北京:高等教育出版社,2009.

[9]雷雳,张雷.青少年心理发展[M].北京:北京大学出版社,2003.

[10]雷雳.发展心理学[M].北京:中国人民大学出版社,2017.

[11]林崇德.发展心理学(第三版)[M].北京:人民教育出版社,2018.

[12]刘爱书,庞爱莲.发展心理学[M].北京:清华大学出版社,2013.

[13]刘金花.儿童发展心理学(第三版)[M].上海:华东师范

大学出版社,2013.

[14]马莹.发展心理学(第三版)[M].北京:人民卫生出版社,2018.

[15]佘双好.毕生发展心理学(第二版)[M].武汉:武汉大学出版社,2013.

[16]司继伟.青少年心理学[M].北京:中国轻工业出版社,2010.

[17]王振宏.青少年心理发展与教育[M].西安:陕西师范大学出版总社有限公司,2012.

[18]张婷,刘新民.发展心理学[M].合肥:中国科学技术大学出版社,2016.

[19]张向葵,桑标.发展心理学[M].北京:教育科学出版社,2012.

[20]赵春黎,朱海东,史祥森.青少年心理发展与教育[M].北京:清华大学出版社,2017.

[21]周念丽.学前儿童发展心理学(第三版)[M].上海:华东师范大学出版社,2014.

[22]谢弗.社会性与人格发展(第五版)[M].陈会昌,译.北京:人民邮电出版社,2012.

[23]西格曼,瑞德尔.生命全程发展心理学[M].陈英和,译.北京:北京师范大学出版社,2009.